FLOWER

하루 한 권, 꽃

다나카 오사무 지음   이선희 옮김

사시사철 풍경을 만드는 꽃의 100가지 신비

다나카 오사무(田中 修)

1947년 일본 교토 출생. 교토대학 농학부 졸업, 동대학원 박사 과정 수료. 스미스소니언 연구소(미국) 박사 과정을 거쳐 현재 고난대학 특별 객원 교수. 농학 박사. 직접 쓴 책으로는 『葉っぱのふしぎ 이파리의 신비』〈サイエンス・アイ新書〉, 『都会の花と木 도시의 꽃과 나무』, 『雑草のはなし 잡초 이야기』, 『ふしぎの植物学 신기한 식물학』, 『つぼみたちの生涯 봉오리들의 생애』〈中央公論新社〉, 『入門たのしい植物学 입문 즐거운 식물학』, 『クイズ植物入門 퀴즈 식물 입문』〈講談社〉 등이 있다. 감수한 책으로는 『花と緑のふしぎ 꽃과 식물의 신비』〈神戸新聞総合出版センター〉가 있다.

● 일러두기

본 도서는 2009년 일본에서 출간된 다나카 오사무의 『花のふしぎ100』를 번역해 출간한 도서입니다. 내용 중 일부 한국 상황에 맞지 않는 것들은 최대한 바꾸어 옮겼으나, 불가피한 경우 일본의 예시를 그대로 사용했습니다.

오랜 세월 우리는 꽃과 함께 살고 있다. 뜰이나 꽃밭에는 심고 가꾸는 꽃이 있고, 산과 들로 눈을 돌리면 온갖 나무와 풀이 꽃을 피우고 있다. 계절이 바뀌면 뜰, 꽃밭, 야산에 심긴 꽃들이 순서를 기다렸다는 듯 얼굴을 내민다.

그래서 일 년 내내 꽃을 둘러싼 이야기가 끊이지를 않는다. 이 책 앞부분에 등장하는 꽃 이야기나 꽃이 지닌 풍부한 개성을 미술관을 둘러본다는 마음으로 즐기기 바란다.

꽃이 풍기는 아름다움에만 시선을 빼앗기면 꽃이 식물의 생식기라는 사실을 깜빡하고 만다. 꽃은 자손을 남겨야 하는 사명을 지니고 태어난다. 이런 중대한 과업을 이루려고 한 송이 꽃을 피우는 데 온갖 정성을 다하고, 그 안에 자손이 잘되었으면 좋겠다는 소망을 담는다.

식물을 바라보거나 키우다 보면 소박한 궁금증이 끊임없이 생긴다. 이 책 뒷부분에는 그런 궁금증을 풀어줄 만한 질문을 다뤘다. 평소 스스로는 생각하기 어려운 질문을 따라가며, '꽃의 신비'를 마음껏 만끽하기 바란다.

나무 나이가 127년인 왕벚나무 (히로사키 공원)

내심 100가지 Q&A를 채울 수 있을까 걱정했는데 여러분이 보내 주신 질문, 궁금증, 이야깃거리가 100가지를 훌쩍 넘어 어쩔수 없이 그것들을 추려야 했다. 골라내는 작업을 하면서 '꽃의 신비'는 무궁무진하다는 사실을 새삼 깨달았다.

"왜 많은 식물은 봄과 가을에 꽃을 피울까?", "꽃을 피우는 계절은 왜 정해져 있을까?", "왜 벚나무는 가을에도 꽃을 피울까?"와 같은 '신비'는 특히 흥미진진한 질문이었다. 하지만 이 책에서이 질문들을 직접 다루지는 않았다. Q&A가 100가지를 넘었기때문이다.

꽃시계

이런 질문은 잎이 하는 일과 연결해 이해해야 할 현상이므로, 잎을 주인공으로 한 『葉っぱのふしぎ잎의 신비』에서 자세히 소개했다. 이 책에 거듭 소개한 부분도 있지만, 『葉っぱのふしぎ잎의 신비』와 함께 읽으면 폭넓게 이해하는 데 도움이 되겠다.

다나카 오사무

목차

1장 꽃 이야기로 가득 찬 갤러리

4장 꽃의 차림새

5장 발맞춰 꽃을 피우는 식물 친구들

6장 꽃봉오리의 탄생

1장

꽃 이야기로 가득 찬 갤러리

예로부터 전해지는 일본의 꽃은 무엇일까?

'꽃은 뭐니 뭐니 해도 매화지.', '꽃 중의 꽃은 벚꽃이지.' 이처럼 일본인 마음속에 새겨진 꽃이 저마다 다른데, 그 이유는 무엇일까요?

저마다 마음에 새긴 꽃이 다르다. 튤립이나 민들레를 떠올리는 사람도 있고 장미를 생각하는 사람도 있다. 시대에 따라 다르지만, 일본에서는 일본의 꽃으로 매화, 벚꽃, 국화를 일컫는 경우가 많다.

'꽃이라고 하면, 헤이안 시대 초기까지는 매화를 일컬었고, 그 이후에는 벚꽃을 가리킨다.'라고 전문가는 말한다. 이를 뒷받침하는 증거로 헤이안 시대 이전인 나라 시대에 완성된 『萬葉集만요슈』(770년)에 매화를 읊은 시가 118여 수 실린 데 반해, 벚꽃을 읊은 시는 40여 수 실렸다. 나라 시대에는 매화가 인기 있었던 모양이다.

헤이안 시대에 만들어진 『古今和歌集고킨와카슈』(905년)에는 매화를 읊은 시가 약 20수로 줄어든 반면, 벚꽃을 읊은 시가 약 100수로 늘며 매화와 벚꽃의 지위가 뒤바뀌었다. 이는 매화보다 벚꽃이 인기가 있었다는 것을 뜻하고 '헤이안 시대 초기를 지나면, 꽃이란 벚꽃을 말한다.'라는 주장을 뒷받침하는 근거가 된다.

국화는 약 4,500수에 이르는 『萬葉集만요슈』에 전혀 등장하지 않는다. 그도 그럴 것이 국화가 중국에서 일본으로 전해진 시기가 『萬葉集만요슈』가 만들어진 이후인 나라 시대 말기에서 헤이안 시대 초기라고 한다.

가마쿠라 시대의 고토바 상황(後鳥羽上皇)과 그 뒤를 이은 고후

카쿠사 천황(後深草天皇), 가메야마 천황(龜山天皇)이 국화를 아껴 중히 사용했다. 에도 시대에 품종을 개량해 국화 여러 종이 재배되기 시작하며 국화는 일본인 마음속에 새겨진 꽃 중 하나가 되었다. 1869년 태정관(太政官) 지령에 의해 국화문장(十六弁八重表菊紋)이 일왕 가문의 정식 문장이 되었다.

국화가 문장이나 디자인으로 쓰인 예

고토바상황

국화문장(十六弁八重表菊紋)은 일왕 가문의 정식 문장으로 쓰여요. 일본 여권과 50엔짜리 동전에도 국화가 그려져 있어요.

'피었네, 이 꽃'이라는 시에 등장하는 '이 꽃'은?

『古今和歌集고킨와카슈』에 실린 〈나니와즈에 꽃이 피었네. 겨우내 웅크리고 있다가 봄이 찾아오니 이 꽃이 피었네.〉라는 시 '나니와즈의 노래(難波津の歌)'가 있죠. 시에 동장하는 '이 꽃'은 매화인가요, 벚꽃인가요?

매실나무에 피는 꽃인 '매화'가 정답이다. 나니와즈의 노래(難波津の歌)는 '겨울이 끝나고 나니와즈에 꽃이 피었다.'라는 뜻이 담긴 시로 헤이안 시대 이전인 5세기 초기 닌도쿠 천황(仁德天皇) 즉위를 기념해 지어졌다고 한다. Q001에서 소개한 것처럼 헤이안 시대 초기까지는 꽃이라고 하면 '매화'를 일컬었고, 그 이후에는 '벚꽃'을 가리킨다. 따라서 '매화'가 정답이다.

또 오사카부는 '부의 꽃'으로 앵초와 나란히 매화를 꼽았다. 이유는 '나니와즈(難波津)'라는 오사카 지명을 담은 이 시 때문이다. 이런 상황을 다 아우르면 '이 꽃'은 '매화'여야 한다.

그런데 2009년에 열린 목간(木簡)학회에서 '이 꽃'이 매화인지 벚꽃인지를 놓고 논쟁을 벌였다는 기사가 그해 봄 요미우리신문에 실렸다. 지금은 정설인 매화설에 대해 쓴 기사였다. 기사에 따르면 이 시는 닌도쿠 천황 시대에 부르던 노래로, 그 시대에는 '꽃은 매화'라는 정설은 없었다고 한다.

"'꽃'이라고 하면, 헤이안 시대 초기까지는 '매화'를 일컫고, 그 이후에는 '벚꽃'을 가리킨다."라는 설에서 '헤이안 시대 초기까지'라는 표현에는 주석이 필요할 듯하다. '헤이안 시대 초기까지'는 정확히 말하면 '나라 시대부터 헤이안 시대 초기까지'다. 그러면 닌도쿠 천황은 5세기 초기에 즉위했고 나라 시대는 8세기이므로, 닌토쿠 천황 즉위 당시에는 '이 꽃'이 매화인지 벚꽃인지 알 수 없다는 결론에 이른다.

이런 논의가 있었지만, 나는 '나니와즈(難波津)'가 오사카의 지명이고 오사카부 '부의 꽃'이 '매화'라는 점에서 '이 꽃'은 매화를 가리킨다는 의견에 찬성한다.

왜 목간학회에서 "'이 꽃'이 매화인가, 벚꽃인가?" 논쟁이 있었는지 궁금하죠? 1997년에 시가현 고카시 시가라키정에 있는 시가라키 궁전에서 출토된 목간에 이 시가 쓰여 있다는 사실이 2008년에 알려졌기 때문이에요.

출토된 목간(木簡)

나니와즈에 꽃이 피었네. 겨우내 움츠리고 있다가 봄이 찾아오니 이 꽃이 피었네.

春迩波ツ尓佐久夜己能波奈布由己母理伊麻波々流倍等佐久夜乃波奈

아사카산을 담은 신의 우물처럼 얕고 무책임한 마음을 나는 지니고 있지 않은데.

阿佐可夜麻加氣佐閇美由流夜真乃井能安佐伎己々呂乎和可於母波奈久尓

〈제공: 고카시 교육 위원회〉

왕벚나무의 기원은?

'왕벚나무가 어디서 어떻게 생겨났는지'를 두고 여러 설이 있다고 들었는데, 기원은 어디인가요?

왕벚나무의 기원을 두고 다양한 의견이 존재한다. 그러므로 '이래서 이것이 기원이다.'라고 확실히 소개할 수는 없다.

내가 알고 있는 왕벚나무의 기원을 찾아간 과정도 정답이라고 단언할 수 없다. 하지만 나름 타당하다고 생각해 그 과정을 소개한다.

왕벚나무는 '정원수의 고향'이라고 불리는 에도 시대 소메이(染井, 현재 도쿄도 도시마구 고마고메 · 스가모)에서 목수에 의해 '요시노 벚나무'라는 이름으로 팔리며 널리 퍼져 나갔다. 처음에는 '벚꽃 명소인 나라의 요시노(吉野)나 산벚나무가 흔히 자라는 이즈오섬(伊豆大島)에서 목수가 왕벚나무를 입수했다.'라는 의견이 우세했다. 그래서 요시노와 이즈오섬에서 왕벚나무 원목 찾기가 성행한 적이 있다.

하지만 자연 속에는 원목이 없었다. 왕벚나무가 자생하지 못한다는 사실이 밝혀지고 나서 '왕벚나무는 오시마벚나무와 올벚나무를 교배해 생겨난 것'으로 추론했다. 이유는 왕벚나무가 잎이 나오기 전에 먼저 꽃을 피우는 올벚나무의 성질과 우아한 빛깔을 띤 큰 꽃을 피우는 오시마벚나무의 성질을 모두 가졌기 때문이다.

게다가 두 벚나무를 인공으로 교배했더니 왕벚나무와 매우 유사한 나무가 탄생했다. 그래서 왕벚나무는 두 벚나무를 교배해 만들어졌다는 의견이 점점 인정받았다.

이번에는 왕벚나무가 어디서 생겨났는지를 파고들었다. 이즈반도(伊豆半島)에 오시마벚나무와 올벚나무가 자생했기 때문에 애초 '왕벚나무는 이즈반도에서 두 벚나무가 자연스럽게 교배해 탄생했다.'라는 이즈반도 기원설이 제창되었다.

하지만 '이즈반도에서는 두 벚나무가 꽃이 피는 시기가 달라 자연 교배를 할 수 없다.'라는 사실이 밝혀지며 이즈반도 기원설은 수그러들었다. 이후 '왕벚나무는 사람이 교배해 생겨났다.'라는 의견이 힘을 얻었다.

그래서 '왕벚나무를 팔기 시작한 목수가 정원수의 고향이라고 불리는 소메이에서 두 벚나무를 교배해 왕벚나무가 탄생했다.'라는 이야기로 점철되어 현재에 이른다.

나무 나이 약 1,500년인 올벚나무 '우스즈미 벚나무(薄墨桜)'

왕벚나무의 부모로 알려진 올벚나무에는 나무 나이 1,800~2,000년인 야마나시현 무카와정의 '진다이 벚나무(神代桜)'와 나무 나이 1,500년으로 알려진 기후현 네오무라의 '우스즈미 벚나무(薄墨桜)'가 있다.

〈촬영: 오노 준코(小野順子)〉

'벚나무=왕벚나무'일까?

벚꽃 명소로 유명한 '나라의 요시노(吉野)' 벚나무는 왕벚나무를 가리키나요?

요즘은 벚나무 하면 '왕벚나무'를 가리키는 경우가 많다. 따라서 '벚꽃 명소'라면 왕벚나무가 심긴 곳을 떠올리기 쉽다. 하지만 꼭 그렇지만은 않다. 대표적인 예가 '나라의 요시노(吉野)'다.

왕벚나무는 에도 시대 후기에 생겨났다. 그때 요시노는 이미 벚꽃 명소로 유명했다. 왕벚나무는 생겨날 무렵 벚꽃 명소였던 요시노라는 지역 이름에서 딴 '요시노 벚나무'로 불리기도 했다. 결론을 말하자면, 요시노 벚나무는 왕벚나무가 아니다. 요시노에는 200여 종, 3만여 그루의 벚나무가 자생하고 있었는데, '산벚나무'가 주를 이루었다.

1900년 요시노 벚나무는 '왕벚나무'라는 이름으로 일본 곳곳에 심겼다. 그 아름답기가 이루 말할 수 없어 사람들은 점차 '벚나무=왕벚나무'라고 인식하게 되었다.

요시노(吉野)와 함께 '일본 3대 벚꽃 명소'는 아오모리현에 있는 히로사키 공원(弘前公園)과 나가노현에 있는 다카토조시(高遠城址)다. 이 가운데 메이지 시대에 심겨 가꾸어진 히로사키 공원의 벚나무가 왕벚나무다. 다카토조시의 벚나무는 다카토코히간 벚나무다.

'일본의 3대 벚나무'는 나무 나이 1,800~2,000년인 야마나시현 무카와정의 '진다이 벚나무(神代桜)', 나무 나이 1,500년인 기후현 네오무라의 '우스즈미 벚나무(薄墨桜)', 나무 나이 1,000년인 후쿠오카현 미하루정의 '미하루타키 벚나무(三春滝桜)'다. 세 나무 모두 천연기념물이며 나무 나이로 짐작하겠지만 이 나무들은 왕벚나무가 아니다. '진다이 벚나무'와 '우스즈미 벚나무'는 올벚나무, '미하루타키 벚나무'는 수양올벚나무다.

히로사키 공원에 있는 나무 나이 127년인 왕벚나무

〈제공: 히로사키시 상공관광부 공원녹지과〉

왕벚나무는 수명이 짧다고 하죠. 하지만 정말 그런지는 시간이 지나 봐야 알겠죠. 현재 가장 오래된 왕벚나무는 히로사키 공원에 있는 나무 나이 127년인 나무예요.

왕벚나무 꽃눈 하나에 피는 꽃 개수는?

왕벚나무는 꽃눈 하나에서 피는 꽃 개수가 일정하지 않다고 하는데, 사실인가요?

그렇다. 봄이 되어 날이 따뜻해지면 추위를 견디고자 겨우내 웅크려 있던 꽃눈이 트기 시작한다. 왕벚나무는 꽃눈 하나에 꽃자루가 여러 개 뻗고 각각의 꽃자루 끝에서 꽃이 핀다. 그래서 왕벚나무는 꽃눈 하나에서 꽃이 여러 송이가 핀다.

꽃 개수는 왕벚나무가 얼마나 건강한지를 나타내는 지표로, 개수에 따라 건강 상태를 세 단계로 나눌 수 있다. 꽃눈 하나에 꽃이 6송이 이상이면 '매우 건강한 나무', 4~5송이는 '건강한 나무', 3송이 이하는 '건강하지 않은 나무'로 평가한다. 보통 왕벚나무 명소에서는 꽃이 3~4송이 피는 경우가 많다.

2008년 한 회사가 왕벚나무 꽃눈 하나에서 피는 꽃 개수를 전국에 걸쳐 조사했다. 홋카이도, 도호쿠, 호쿠리쿠, 오키나와를 제외한 전국 34개 광역 자치 단체에서 피는 왕벚나무를 조사하는 데 1,500여 명이 참가했다.

그 결과 동일본이 서일본에 비해 꽃 개수가 많았다. 동일본에 서식하는 왕벚나무가 서일본에 있는 왕벚나무보다 건강하고 튼튼하다는 증거다.

2009년에도 비슷한 조사가 이루어졌다. 그 결과 전국 평균값이 전년도를 웃돌았다. 여름철 큰비나 가을철 태풍에 영향을 적게 받으면 꽃 개수는 늘어나는 모양이다.

꽃눈 하나에 피는 꽃 개수(2009년 조사 결과)

3.5 이상
3.5 미만

벚꽃 명소에서 꽃눈 하나에 꽃이 몇 송이 피었는지 세어 보는 것도 꽃구 경을 즐기는 또 한 가지 방법이겠죠.

각 현의 꽃 개수 평균값(개)

간토	이바라키현	3.9	주부	야마나시현	4.1
	도치기현	3.9		기후현	3.9
	군마현	4.0		시즈오카현	4.0
	사이타마현	4.0		아이치현	3.8
	지바현	3.9		미에현	3.8
	도쿄도	4.1	주부·시코쿠	돗토리현	3.4
	가나가와현	4.0		시마네현	3.7
긴키	교토부	3.9		히로시마현	3.9
	시가현	3.7		오카야마현	3.5
	오사카부	4.0		야마구치현	3.7
	효고현	3.9		도쿠시마현	4.0
	나라현	3.7		가가와현	3.4
	와카야마현	4.1		에히메현	3.7
규슈	후쿠오카현	3.9		고치현	3.8
	사가현	3.9			
	나가사키현	4.3			
	구마모토현	3.9			
	미야자키현	3.7			
	오이타현	4.0			
	가고시마현	3.8			

〈제공: Weather News〉

왕벚나무가 잎을 내기 전에 꽃을 먼저 피우는 원리

왕벚나무는 잎이 나기 전에 꽃이 먼저 피죠. 왜 잎보다 꽃이 먼저 피나요?

식물은 대개 잎이 성장한 다음 꽃이 핀다. 꽃이 피고 나서 씨와 열매를 만드는 데는 영양분이 필요하다. 그래서 먼저 무성하게 자란 잎이 광합성을 해 영양분을 축적한 후, 꽃을 피우는 것이다.

하지만 왕벚나무는 잎을 내기 전에 꽃을 피운다. 매실나무, 복사나무, 목련, 꽃산딸나무같이 봄에 꽃을 피우는 꽃나무는 잎보다 먼저 꽃을 피운다. 줄기나 뿌리에 영양분을 축적하는 수목이라 가능하다. 씨에서 막 발아한 화초는 흉내 낼 수조차 없다.

잎을 내기 전에 꽃을 피우면 어떤 점이 좋을까? 잎이 한 장도 없으니 당연히 꽃이 두드러져 보인다. 꽃이 눈에 띄면 벌과 나비 같은 곤충이나 작은 새가 꽃을 찾기 쉽다. 곤충이나 작은 새를 아름다운 색과 향기로 유혹해 그들에게 꿀을 제공하면서 그들이 꽃가루를 잘 실어 나를 수 있도록 돕는다.

꽃가루 매개 작업이 원활히 이루어지면 씨와 열매가 천천히 자란다. 나무에 쌓인 영양분과 꽃이 지고 나서 나온 잎이 만든 영양분으로 씨와 열매가 성장해 간다.

왕벚나무가 가진 '잎이 나기 전에 꽃이 먼저 피는' 성질은 부모에게 물려받는다. Q003에서 소개한 왕벚나무의 부모인 올벚나무가 그런 성질을 갖고 있다.

같은 벚나무라도 산벚나무는 왕벚나무와 반대되는 성질을 지녔다. 꽃이 피기 전에 잎이 먼저 나거나 꽃이 필 때 거의 동시에 잎이 난다.

잎을 감싼 눈(왼쪽)과 꽃봉오리를 감싼 눈(오른쪽)

 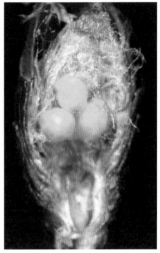

겨울에 왕벚나무에는 두 종류의 눈이 생겨요. 봄에 따뜻해지면 꽃봉오리를 감싼 눈이 잎을 감싼 눈보다 낮은 온도에서 성장해요. 그래서 잎이 생기기도 전에 꽃을 피우죠. 산벚나무는 잎을 감싼 눈이 꽃봉오리를 감싼 눈보다 낮거나 비슷한 온도에서 성장하죠. 그래서 꽃을 피우기 전이나 꽃을 피우는 때와 동시에 잎을 내는 거고요.

부쩍 인기를 끌고 있는 '가와즈 벚나무'는?

최근 여기저기서 '가와즈(河津)'라는 벚나무 이름을 자주 듣는데요, 이 벚나무를 소개해 주세요.

왕벚나무 개화 예보가 날아드는 3월 초, '가와즈 벚나무'는 벌써 선명한 분홍빛 꽃을 활짝 피운다. 가와즈 벚나무는 2월 초부터 꽃봉오리를 피우기 시작해 거의 한 달에 걸쳐 만발한다.

꽃 하나하나는 수명이 짧지만, 나무 전체로는 개화 기간이 길다는 특징이 있다. 그래서 '사흘 안 본 사이에 벚꽃이 활짝 폈구나!'라고 하며 세상살이가 빠르게 변하는 모습을 가와즈 벚나무에 빗대기는 어렵다.

가와즈 벚나무는 개화 시기가 빠르고, 꽃이 선명한 분홍색에다 개화 기간이 길어 관상용 벚나무로서 우수한 성질을 모두 갖추고 있다. 그래서 관상용으로 인공 교배한 벚나무로 착각하기 쉽다. 하지만 그렇지 않다. 이 벚나무는 생겨나기까지 예상치 못한 비밀을 지니고 있다.

1955년 2월 시즈오카현 이즈반도의 가와즈정을 흐르는 가와즈강 유역, 말라 죽은 잡초 덤불 속에서 벚나무 묘목 한 그루가 발견되었다. 발견한 사람이 그 묘목을 집에 가져와 키웠는데 11년 후인 1966년 1월 말부터 나무는 선명한 분홍색 꽃을 피웠다. 이후 그 벚나무는 매우 빠르게 보급되며 1974년부터는 나무가 발견된 마을 이름을 따 '가와즈 벚나무'로 불렸고, 1975년에는 가와즈정 '마을 나무'로 지정되었다.

가와즈 벚나무는 최근 명성을 떨치며 시즈오카현뿐 아니라, 일본 전국 각지에서 재배되고 있다. 가와즈강에 연어가 올라오는지 모르지만, 가와즈 벚나무는 분명 연어가 강을 헤엄쳐 오르듯 인기가 뛰어오르고 있다.

부쩍 인기를 끌고 있는 '가와즈 벚나무'

지금도 가와즈정에 원목 (나무 나이 약 50년, 높이 10m, 둘레 115cm)이 산다. 오시마벚나무와 칸히 벚나무가 자연 교배해 생겨났다고 알려진다.
〈제공: 가와즈정 관광협회〉

'나라의 빼어난 겹벚나무'란?

가인 백 명이 쓴 시를 한 수씩 모아 만든 『小倉百人一首오구라 햐쿠닌잇슈』에 '옛 도읍 나라의 빼어난 겹벚나무, 구중궁궐 속 오늘 유난히 아름다운 자태를 뽐내는구나.'라는 시가 있죠. 여기에 등장하는 겹벚나무는 특별한 벚나무라고 하던데, 사실인가요?

'겹벚나무'는 꽃잎이 여러 장 겹친 꽃을 피우는 벚나무들을 두루 일컬어 부르는 이름이다. 헤이안 시대의 시인 이세노 다이후(伊勢大輔)가 읊은 시에 등장하는 '나라의 빼어난 겹벚나무'는 뜻을 깊이 파고들지 않으면 나라에 서식하는 겹벚나무로 읽는다.

하지만 이 겹벚나무는 실제로 '나라 겹벚나무'라는 벚나무의 특정 품종을 가리킨다. 나라 겹벚나무는 꽃이 엷은 분홍색을 띠며 자그마하다. 꽃이 피는 시기는 4월 말에서 5월 초로 늦다. 산벚나무 계통으로 꽃이 피는 시기와 잎이 나오는 시기가 거의 비슷하다.

1922년 봄, 도쿄대학에서 식물을 연구하는 미요시 마나부(三好學) 박사가 도다이지(東大寺) 지소쿠인(知足院)의 뒷산 덤불에서 나라 겹벚나무를 발견했다. 나라 겹벚나무는 이듬해인 1923년 3월 천연기념물로 지정되었고, 1968년에는 '나라현의 꽃'으로, 1998년에는 '나라시의 꽃'으로 선정되었다.

햐쿠닌잇슈(百人一首)에 등장하는 '나라 겹벚나무'

〈촬영: 오노 준코(小野順子)〉

'옛 도읍 나라의 빼어난 겹벚나무, 구중궁궐 속 오늘 유 난히 아름다운 자태를 뽐내는구나.'에 등장하는 '나라의 빼어난 겹벚나무'는 '나라 겹벚나무'라는 특정 품종을 가리켜요.

'헤이 피버(hay fever)'란?

'헤이 피버(hay fever)=꽃가룻병'이라고 하던데, 어떤 의미인가요?

꽃가루에 의한 병은 1819년 영국에서 세계 최초로 보고되었다. 농부가 목초를 베어 말린 후 만졌더니 재채기, 콧물, 코 막힘에 더해 눈이 가렵고 열이 나는 증상이 함께 생겼다고 한다.

이런 증상을 마른풀을 의미하는 헤이(hay)와 열을 의미하는 피버 (fever)를 합쳐, 헤이 피버(hay fever)라고 명명했다. 고초열 또는 꽃 가룻병이라고도 한다.

이후 증상이 발현하는 원인을 조사해 보니 오리새를 중심으로 하는 볏과 목초에서 날리는 꽃가루 때문에 발병한다는 사실이 밝혀졌다. 지금도 유럽에서 퍼지는 꽃가룻병을 보면 그 가운데는 오리새를 포함한 볏과 목초가 있다.

일본에서는 1960년대 도치기현에서 처음으로 꽃가룻병 사례가 발견되었으며 삼나무 꽃가루가 병을 일으키는 원인이었다. 지금까지도 삼나무에 의한 꽃가룻병이 주를 이루지만, 오리새에 의한 꽃가룻병도 홋카이도를 중심으로 알려져 있다. 그래서 최근 꽃가루를 생성하지 않는 오리새가 개발되었다.

삼나무 꽃가룻병, 오리새를 중심으로 하는 볏과 식물에 의한 꽃가룻병, 국화과인 쑥 혹은 돼지풀 꽃가룻병을 '3대 꽃가룻병'이라 부른다. 그리고 3대 꽃가룻병은 일본의 삼나무 꽃가룻병, 유럽의 볏과 꽃가룻병, 미국의 돼지풀 꽃가룻병과 같이 지리에 따라 나뉜다.

목초 '오리새'

꽃가룻병을 일으켜 얄밉지만, 오리새는 방목해 기르는 소나 양에게 귀중한 식량이다.

〈제공: 다세 카즈히로(田瀬和浩),
　　　　사나다 야스하루(真田康治)
〈홋카이도농업연구센터)〉

'삼나무 꽃가루 발생 예보'는 믿을 만한가?

매년 가을마다 '내년 봄에는 삼나무 꽃가루가 적게 날아올 것이다.', '내년 봄 삼나무 꽃가루는 예년보다 5~6배가량 많이 발생할 것이다.'라는 삼나무 꽃가루 예보가 전해지는데요. 왜 가을에 예보가 나오나요? 무슨 근거가 있나요? 믿지 못할 일기 예보 같은 것인가요?

일기 예보가 얼마나 정확한지는 일단 제쳐 두고, 이듬해 봄 삼나무 꽃가루 예보가 올해 가을에 전해지는 데에는 두 가지 근거가 있다.

삼나무는 꽃가루를 만드는 수꽃과 씨앗을 만드는 암꽃이 한 그루에 따로따로 피는 암수한그루(자웅 동주)다. 꽃봉오리는 여름에 만들어지는데, 이 시기 기온이 높을수록 꽃가루를 만드는 수꽃의 꽃봉오리가 대량으로 만들어진다.

따라서 이듬해 봄에 날려 흩어지는 꽃가루 양을 예측하려면 우선 여름에 만들어지는 수꽃 수를 조사하면 된다. 수꽃이 많이 만들어질수록 꽃가루가 많이 발생할 것이다. 이것이 꽃가루 예보를 가을에 하는 첫 번째 이유다.

이어서 가을에 꽃봉오리가 제대로 자라고 있는지 조사한다. 생육 상황이 나쁘면 이듬해 봄에 꽃을 많이 피울 수 없어 꽃가루 양이 줄어들고, 많은 수꽃이 제대로 자라면 이듬해 봄에 꽃가루가 아주 많이 발생할 것이다. 이것이 꽃가루 예보를 가을에 하는 두 번째 이유다.

가을부터 겨울까지 날이 추워지면 수꽃은 성장을 멈춘다. 예상은 여기까지만 가능하다. 실제로 봄에 날리는 꽃가루 양은 가을과 겨울철 기온에도 영향을 받지만, 여름까지 한 조사로도 꽤 믿을 만한 결과를 얻을 수 있다. 따라서 '삼나무 꽃가루 발생 예보'는 신뢰도가 높은 편이다.

매년 달라지는 꽃가루 발생량(도쿄)

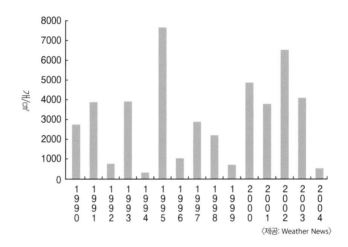

〈제공: Weather News〉

봄에 날리는 꽃가루 양은 지난해 여름 기온이나 수꽃의 성장에 영향을 받아요. 꽃가루를 만들려면 삼나무는 많은 에너지가 필요하겠죠. 그래서 해마다 꽃가루를 많이 만들지는 못해요. 에너지를 쓰지 않고 있다가, 이듬해 봄에 삼나무는 비축해 둔 에너지로 수많은 꽃가루를 마음껏 만들어요. 그래서 꽃가루가 적은 해가 계속되면, 몇 년마다 한 번씩 어마어마한 양의 꽃가루가 날리는 일이 발생하죠.

'꽃가루 없는 삼나무' 씨앗으로 개체 수를
늘릴 수 있을까?

2009년, 꽃가룻병이 본격적으로 유행하기 시작하려는 2월, 도야마현 삼림 연구소에서 '꽃가루 없는 삼나무' 씨앗을 개발했고 2014년까지 묘목 2만 그루를 내어보내겠다고 발표했는데요. '꽃가루 없는 삼나무' 씨앗으로 개체 수를 늘릴 수 있을까요?

Q010에서 소개한 바와 같이 삼나무는 꽃가루를 만드는 수꽃과 씨앗을 만드는 암꽃이 한 그루에서 따로따로 피는 암수한그루다. '꽃가루가 없다.'라는 것은 수꽃이 꽃가루를 만들지 못한다는 뜻이다. 하지만 암꽃에 생식 능력이 있는 경우가 많다. 화제에 올랐던 꽃가루 없는 삼나무도 암꽃에는 생식 능력이 남아 있다. 따라서 꽃가루를 만드는 삼나무의 꽃가루를 붙이면 씨앗을 만들 수 있다.

꽃가루를 만드는 삼나무의 꽃가루를 붙여 씨앗을 만들면 그 씨앗에서 자란 묘목은 '꽃가루 없는 삼나무'가 되는지 궁금해진다. 예리한 질문이다. 그 질문에 대한 답은 '어떤 삼나무 꽃가루를 붙이는가에 따라 꽃가루를 만드는 삼나무가 되기도 하고, 꽃가루가 없는 삼나무가 되기도 한다.'이다.

꽃가루 없는 삼나무를 탄생시키려면 꽃가루 없는 삼나무를 만드는 유전자가 든 꽃가루를 붙여야 한다. 하지만 꽃가루 없는 삼나무를 만드는 유전자인지 아닌지는 실제로 교배해서 조사해 봐야 알수 있다. 꽃가루 없는 삼나무가 탄생할 확률은 높아 봤자 50%다.

꽃가루 없는 삼나무가 탄생할 확률이 50%라면, '씨앗이 발아한 뒤 꽃가루 없는 삼나무 묘목인지, 꽃가루를 만드는 묘목인지 어떻게 판별할 수 있을까?'라는 궁금증이 생긴다. 묘목이 크게 성장해 꽃을 피우면 쉽게 판별할 수 있다. 하지만 삼나무가 꽃을 피우는 데는 15~20년이 걸린다. 그래서 가능한 한 빠른 시기에 판별할 방법이 필요하다.

실제로 지베렐린이라는 식물 호르몬을 묘목에 뿌리면 2년째에 꽃이 핀다. 꽃이 피면 꽃가루 없는 삼나무인지 쉽게 판별할 수 있고 꽃가루 없는 삼나무만 골라서 키울 수 있다.

꽃가루 없는 삼나무와 일반 삼나무

〈제공: 도야마현 농림수산종합기술센터 삼림연구소〉

나무 나이가 겨우 2년인 삼나무에 꽃을 피우는 지베렐린은 효과가 정말 대단하죠. (Q094참고)

'튤립 버블'이란?

1980년대에 일본 경제에는 거품이 일었어요. 당시에 땅, 주식, 골프 회원권, 그림, 골동품은 투기하기 좋은 상품이었지요. 그런 투기 상품의 원조가 튤립 알뿌리라던데 '튤립 버블'은 어땠나요?

'튤립 버블' 현상은 1630년대 네덜란드에서 일어났다. 당시 재정 상태가 넉넉한 상인들 사이에 관상용으로 튤립 화단 만들기가 유행했다. 튤립이 인기를 끌자, 상인들은 진귀한 꽃을 피우는 튤립 알뿌리를 앞다퉈 사들였다.

그 와중에 약삭빠른 사람이 튤립 알뿌리의 인기를 눈여겨보다가, 사들였던 알뿌리를 비싼 값에 되팔아 수익을 올렸다. 튤립 알뿌리를 투기하기 알맞은 상품으로 여기게 된 것이다. 되팔면 이익을 얻는다는 사실을 알게 되자 많은 사람이 이를 따라 했다.

멋진 꽃을 피우는 튤립 알뿌리 가격은 점점 뛰어 알뿌리 1개를 마차 1대와 바꿀 수 있을 만큼 비싸졌다. 이를 알고 사람들이 고리대금업자에게 돈을 빌려 진귀한 튤립 알뿌리를 사들였다. 고리대금업자도 마음껏 금리를 올렸다. 튤립 알뿌리 가격은 계속 올라, 알뿌리 1개를 마차 정류장, 정원 딸린 저택, 심지어 맥주 공장과 교환하는 지경에 이르렀다.

네덜란드인은 거품이 낀 경제 때문에 미친 듯 날뛰었다. 당시 렘브란트가 그린 작품 '야경'이 1,600길더에 팔렸는데 알뿌리 1개가 5,200길더였다. 이 금액은 당시 벽돌공이 받던 15년 치 임금과 맞먹는다고 한다.

모자이크 모양의 튤립

〈제공: 도야마현 농림수산종합기술센터 원예연구소 (농림수산성 지속형 농림기술개발 지정 시험)〉

모자이크 모양을 띤 진귀한 꽃은 모자이크 바이러스에 감염된 알뿌리 일부가 건강한 알뿌리에 붙여져 모자이크병에 일부러 감염되며 만들어져요. 현재 모자이크 모양 튤립은 품종으로 길러지고 있어요.

꽃잎으로 곤충을 유혹하는 식물들의 노력

봄에 꽃산딸나무가 연분홍빛 꽃을 피웠기에 "꽃잎이 참 예쁘다."라고 말했는데, 누군가 "저건 꽃잎이 아니야."라고 하더라고요. 어찌 된 일인가요?

"하늘을 나는 비둘기가 뭘 떨어뜨렸던데?"

"뭐(똥)?"

"저쪽 모퉁이에 뭘 세우고 있던데?"

"허걱(담)."

일본어 동음이의어를 '똥→뭐?', '담→허걱'으로 재치 있게 풀어낸 말장난이다.

같은 맥락에서 "꽃산딸나무 꽃잎은 꽃잎이 아니야."라는 말을 듣고, 재치 있게 동음이의어인 "정말(포엽)?"이라고 대답해 보자. 그러면 가르쳐 준 사람이 더 놀랄 것이다. 꽃산딸나무에 꽃처럼 피어 예쁜 색으로 물들어 있는 것은 꽃잎이 아니라 '포엽'이기 때문이다.

포엽이란 원래 꽃 아래에 붙어 있는 작은 잎을 말한다. 꽃산딸나무의 진짜 꽃은 작은 알맹이 모양을 띠고 있다. 진짜 꽃 주위를 연분홍빛으로 물든 큰 포엽(화포 또는 이삭잎이라고도 부름)이 꽃잎처럼 둘러싸고 있다.

포엽이 꽃잎처럼 눈에 띄는 식물은 수두룩하다. 삼백초와 리시키톤 캄츠카트켄시스(흔히 물파초로 불린다.)는 희고 큰 꽃을 피우는데 하얀 꽃잎처럼 보이는 것이 포엽이다. 부겐빌레아의 화려한 꽃잎 역시 포엽이다. 그 밖에도 포엽을 가진 꽃으로 포인세티아 등이 있다.

포엽이 아니라 '꽃받침'이 꽃잎처럼 보이는 꽃도 있다. 꽃받침은 원래 꽃을 감싸듯이 꽃잎 바깥쪽에서 꽃잎을 받친다. 꽃받침이 꽃잎처럼 보이는 꽃은 수국, 분꽃, 서향, 깨꽃 등이 있다.

포엽으로든 꽃받침으로든 두 방식 모두 눈에 띄지 않는 꽃을 돋보이게 해 곤충을 유혹한다.

포엽이 꽃잎처럼 보이는 꽃산딸나무

〈촬영: 오노 준코(小野順子)〉

작은 알맹이 하나하나가 진짜 꽃이에요.

노래에서 탄생한 '붉은 스위트피'

'붉은 스위트피'라는 노래가 있는데, 실제로 붉은색 꽃을 피우는 스위트피가 있나요?

스위트피는 지중해 시칠리아섬에서 맨 처음 자라난 식물로 일본에는 에도 시대 말기에 들어왔다고 한다. 이후에는 그런대로 종종 재배되었다.

그러다가 1982년 마츠다 세이코(松田聖子)가 부른 '붉은 스위트피'가 크게 인기를 끌면서 스위트피가 대중에게 알려졌다.

당시 노래 제목인 '붉은 스위트피'에 사로잡힌 사람들은 선명하게 붉은 스위트피 꽃을 보고 싶어 했다. 하지만 꽃집에 가도 식물원에 가도 새빨간 스위트피 꽃은 볼 수 없었다.

스위트피는 흰색, 연분홍색, 연보라색 꽃을 피운다. 다시 말해 '붉은 스위트피'가 인기를 끌었을 당시 새빨간 스위트피는 없었다.

이 곡이 유행하자, 사람들은 서둘러 새빨간 꽃을 피우는 스위트피 품종을 개발했다. 그래서 오늘날 새빨간 스위트피 꽃을 볼 수 있게 되었다.

붉은 스위트피 꽃

〈제공:JEL FLOWER〉

'스위트피'라는 이름은 달콤한 향(스위트)과 콩(피)에서 따왔다고 하네요. '콩(pea)' 중에서도 완두를 말하고요. 잎 모양이 완두 잎과 거의 같아요. 스위트는 '달콤한 향'이 아니라 '달콤한 맛'이라는 의견도 있는데, 스위트피는 독성을 품고 있어 이 식물을 맛보는 행동은 위험해요.

'꽃나무의 여왕'으로 불리는 식물은?

동백나무나 태산목은 '꽃나무의 왕', 장미는 '서양 꽃나무의 왕'이라고 불려
요. '꽃나무의 왕'이라는 이름에 걸맞은 기상과 품격을 두루 갖추고 있기 때
문이겠죠. 그럼 '꽃나무의 여왕'으로 불릴 만한 식물은 무엇이 있을까요?

중국에서는 '꽃나무의 왕'이라고 하면 품위와 품격뿐 아니라 농
후한 자태까지 아울러 갖춘 모란을 가리킨다. 그래서 모란은 '화왕'
으로 불린다.

그렇다면 '꽃나무의 여왕'이라는 이름에 걸맞은 식물은 무엇이
있을까? '히말라야 꽃', '깊은 산속에 피는 꽃'이라 불리며 섬세한
아름다움을 지닌 식물이다. 여름에도 서늘하고, 습도가 높고, 빛이
약한 환경이 갖추어져야 자라는 민감한 식물은 바로 '만병초'다.

봄이면 부드럽고 커다란 꽃잎을 가진 꽃이 가지 끝에 6송이 정도
가 모여서 핀다. 이 꽃이 맨 처음 자라난 히말라야산맥 중턱에 네팔
이라는 나라가 있다. '붉은 만병초(Laliguras)'는 네팔의 국화다.

잎이 두꺼워 여름철 차갑고 서늘한 곳에서도 저절로 나고 자란
다. 동물에게 먹음직스럽게 보여서인지 자신을 보호하고자 독성 물
질인 '안드로메도톡신'을 품고 있다.

나무질이 단단해 목재로도 쓰인다. 예로부터 이 나무로 만든 지팡이
를 사용하면 오래 살고, 자를 만들면 자가 구부러지지 않는다고 했다.

일본에서는 시가현의 '혼 만병초(本石楠花)'와 후쿠시마현의 '네
모토 만병초(根本石楠花)'가 '현의 꽃'으로 선정되었다. 원래 해발
800~1,000m인 높은 산에서 자라는 식물이지만, 시가현에서는 해

발 약 300m 높이에 있는 가이가케타니에서 4만 제곱미터에 걸쳐 2만여 그루가 무리 지어 살고 있으며 천연기념물로 지정되어 있다. 4월 하순이 되면 붉은색, 흰색, 분홍색 꽃이 만발해 장엄한 광경이 펼쳐진다. '꽃나무의 여왕'이라는 이름이 제격인 식물이다.

'꽃나무의 여왕' 만병초

만병초는 진달랫과 식물로 가지 끝에 꽃이 6송이 정도가 한데 모여 한 번에 핀다. 꽃잎은 일곱 갈래로 갈라져 있으며 수술은 14개다.

'마법의 장미'를 만드는 방법

최근 '마법의 장미'라는 단어를 자주 듣는데, 어떤 장미를 말하나요?

'마법의 장미'를 만드는 방법을 내 나름대로 몇 가지 소개하려 한다. 그 방법이 잘 공개되지 않기도 하고 기업 비밀이기도 하므로, 내 설명이 정답이 아닐 수도 있다.

'어둠에서 빛나는 장미꽃'이 있다. 밝은 곳에서 보면 평범한 흰색 꽃으로 보인다. 하지만 어두운 곳에서 빛(형광등이나 자외선)을 비추면 흰색 꽃잎이 녹색이나 파란색으로 빛난다. 빛에 반응해 발광하는 가루가 꽃잎에 칠해져 있을지도 모른다.

'온도로 색이 변하는 꽃'이 있다. 붉은 장미가 따뜻한 방에 놓이면 하얀 장미가 된다. 엄지와 검지로 꽃잎을 잡으면 체온이 전해져 손가락으로 잡은 부분만 하얗게 변한다.

'먹을 수 있는 장미꽃'이 있다. 설탕에 절였다 말린 장미다. 장미꽃 모양을 잘 유지하며 설탕에 담갔다가 건조한다. 형태를 무너뜨리지 않는 기술이 개발된 모양이다.

'일곱 빛깔 장미꽃(레인보우 로즈)'이 있다. 한 송이가 무지개처럼 파랑, 녹색, 빨강 등 여러 색으로 나뉘어 있다. 하얀 장미의 꽃봉오리를 잘라 단면 끝을 여러 갈래로 나눈 다음, 각각을 다른 색 액체에 담가 각기 다른 색을 빨아들이도록 하지 않았을까? 하얀 꽃의 꽃봉오리가 물감을 빨아들이게 해 꽃 색을 바꾸는 일도 참 어려운데 레인보우 로즈라니, 엄청난 비결이 숨어 있는 듯하다.

'보존화(프리저브드 플라워)'가 있다. 몇 년이 지나도 시들지 않
는 꽃이다. 특히 장미로 만든 보존화가 유명하다. 일단 장미 꽃잎에
든 색소와 수분을 빼내고, 수분을 대신해 보존액을 주입한 후 꽃잎
색을 염색한 듯하다.

마법의 '레인보우 로즈'

하얀 꽃의 꽃봉오리가 물감을 빨아
들이게 해 꽃 색을 바꾸는 일도 대
단한데 무지개 색깔이라니, 엄청난
비결이 숨어 있는 듯하다.
〈제공: Flowers–Do!〉

금목서는 정말 두 번이나 꽃을 피울까?

가을에 꽃을 피우는 금목서는 '두 번 피는 꽃'으로 유명한데, 정말 두 번이나 꽃을 피우나요?

분명 금목서는 꽃을 두 번 피운다고 알려져 있다. 하지만 의미를 오해한 사람이 '금목서는 가을에만 꽃을 피우고 다른 계절에는 꽃을 피우지 않는다.'라고 딱 잘라 말한다. 두 번이나 꽃을 피운다는 말은 '금목서가 가을이 아닌 계절에 한 번 더 꽃을 피운다.'라는 의미가 아니다.

보통 금목서는 10월 초에 일주일 정도 꽃을 피운다. 그리고 2주 전후로 한 번 더 꽃을 피운다. 예를 들어 9월 23일경에 한 번 꽃이 피고, 이어서 10월 10일경에 다시 핀다.

첫 번째에는 꽃이 두드러지게 피지만, 두 번째에는 처음에 비해 꽃이 몇십분의 일 정도만 핀다. 그래서 눈에 잘 띄지 않는다.

우리 주변에 있는 금목서는 대개 한 번 꽃을 피운다. 그래서 금목서가 꽃을 피우는 모습을 유심히 관찰한 사람은 꽃이 한 번 피고 나서, 약 2주 후에 한 번 더 핀 꽃을 발견하고 '금목서는 두 번 핀다.'라고 확신하며 신기해한다.

두 번 피는 금목서도 의외로 많다. 특히 천연기념물로 지정된 아주 큰 금목서는 두 번 피는 경우가 잦다.

도쿄도 하치오지시의 '오노다(小野田) 금목서', 나무 나이 약 700년인 구마모토현 고사정 아소바루(麻生原)의 금목서, 나무 나이

1,200년을 훌쩍 넘긴 시즈오카현 미시마시 미시마타이샤(三嶋大
社)의 금목서, 나무 나이 300년인 노베오카시 기타우라정 후루에의
'후루에(古江) 금목서' 등이 있다.

미시마타이샤(三嶋大社)의 천연기념물 금목서

나무 나이 1,200년을
훌쩍 넘긴 시즈오
카현 미시마시 미
시마타이샤의 금목
서는 꽃이 두 번 피
는 금목서를 대표
할 만하다.

〈제공: 미시마타이샤〉

계절에 걸쳐 꽃을 두 번 피우는 싸리

싸리는 가을에 두 번 꽃을 피운다고 들었는데, 가을이 아닌 초여름에 꽃이 피었더라고요. 싸리가 계절을 착각하고 꽃을 잘못 피웠나요?

싸리는 콩과 낙엽 관목으로 높이는 약 2m 정도다. 줄기에 작은 나비가 모여든 것처럼 자홍색과 흰색 꽃이 피어, 예로부터 여러 사람 마음을 사로잡았다.

『万葉集만요슈』에서 가장 많이 읊어진 식물로, 싸리가 매화나 벚꽃보다 더 많이 등장한다. 가을 나나쿠사(秋の七草, 가을철 일곱 가지 나물) '싸리, 억새, 칡, 패랭이꽃, 마타리, 등골나물, 도라지' 중 맨 먼저 등장한다. 가을에 피는 대표적인 꽃이라는 뜻이다.

하지만 초여름 6월 중순 싸리가 꽃을 피웠다는 소식을 가끔 전해 듣는다. 보러 가면 실제로 꽃이 피어 있다. Q017에서 가을 내음 풍기는 금목서가 꽃을 두 번 피운다고 소개했다. 하지만 금목서는 같은 계절에 2주 정도 간격을 두고 꽃이 피었다.

싸리는 초여름에 첫 번째 꽃을 피우고, 가을철 대표 나물답게 9월 중순에서 10월 초순에 두 번째 꽃을 피운다. 꽃이 완전히 다른 계절에 핀다.

꽃을 두 번 피우는 싸리는 풀싸리다. 초여름에 1~2cm의 나비 모양을 띤 자홍색 꽃을 피운다. 줄기는 하늘거리며 늘어졌는데 그 모습이 가을에 꽃이 필 때와 그다지 다르지 않다.

교토 히가시야마구 도호쿠지(東福寺) 경내에 덴토구인(天得院)

이라는 작은 사찰이 있다. 그곳 정원에 있는 싸리는 해마다 두 번씩 꽃을 피운다. 초여름에 방문하면 싸리가 피운 꽃이 수국이나 도라지 곁에서 매력을 뽐내고 있는 모습을 감상할 수 있다.

초여름에 꽃을 피운 풀싸리

마쓰다이라고 정원(松平鄕園地, 아이치현 도요다시 마쓰다이라정 아카하라)은 도쿠가와 가문의 본가로 가을에 싸리 수천 그루가 흐드러지게 꽃을 피운다. 창포원도 있어 초여름에 아름다운 꽃창포를 감상할 수 있다. 〈제공: 마쓰다이라고 정원〉

기네스북에 오르지 못한 '세계에서 가장 큰 꽃'

'세계에서 가장 큰 꽃'은 무엇인가요?

'세계에서 가장 큰 꽃'은 동남아시아 수마트라섬에서 맨 처음 자라나 아시아 열대 지방에서 서식하는 라플레시아로 알려졌다. 학명은 Rafflesia arnoldii 혹은 Rafflesia keithii다.

큰 것은 꽃 한 송이가 지름이 약 1m, 무게가 약 7kg이나 된다. 활짝 핀 꽃은 썩은 고기 냄새가 난다. 사람에게는 심한 악취로 느껴진다. 꽃가루를 받으려고 파리를 유혹하려는 냄새로 파리에게는 매력적인 향기인 모양이다.

큰 꽃을 피우지만, 라플레시아는 기생 식물이다. 덩굴지는 성질을 가진 포도과 식물에 기생한다. 큰 꽃을 피우는 데 필요한 영양은 모두 숙주 식물이 공급한다. 그래서 라플레시아는 꽃봉오리나 꽃은 있지만, 줄기나 잎은 없는 기이한 식물이다.

다양한 분야에서 세계 제일을 꼽는 『기네스북』에 실린 '세계에서 가장 큰 꽃'은 시체꽃(아모르포팔루스 티타눔)이다. 꽃의 지름이 1.5m로 라플레시아보다 크다. 단, 시체꽃은 작은 꽃 무리를 큰 포엽이 감싸고 있어 독립된 꽃으로만 보면 라플레시아가 '세계에서 가장 큰 꽃'이라 할 수 있다.

세계에서 가장 큰 라플레시아의 꽃과 꽃봉오리

〈촬영: 나카세코 미쓰키
(中世古滿規)〉

꽃봉오리가 활짝 피는 데 일 년 이상 걸리는 반면, 꽃은 열흘 만에 시들어요. 암꽃과 수꽃이 있다고 하고요. 아직 우리가 잘 모르는 점이 많은 식물이지요.

일본에서는 피지 않는 '세계에서 가장 작은 꽃'

세계에서 가장 큰 꽃은 알았는데, 그럼 '세계에서 가장 작은 꽃'은 무엇인가요?

'세계에서 가장 작은 꽃'은 남개구리밥이라고 한다. 남개구리밥은 개구리밥과는 조금 다르다. 크기는 약 1mm이고 긴둥근꼴에 뿌리가 없으며 물에 떠 있다. 대부분 자신이 낳은 달걀 모양을 한 작은 아이를 달고 있다. 부모와 자식이 붙어 있는 모양이 마치 녹색 호리병 같다. 긴둥근꼴 개체는 줄기가 변형된 것으로 잎 역할도 해서 '엽상체'라 부른다. 꽃은 긴둥근꼴 엽상체 한가운데에 피며 크기는 1mm도 되지 않는다.

내가 미국 스미스소니언 연구소에 있던 30여 년 전, 잎 한가운데에 핀 꽃을 보고 '특이한 식물이네!'라고 생각한 적이 있다. 개구리밥은 연구소 내 여기저기서 볼 수 있어 그다지 신기하지 않았다. 잎 같은 개구리밥 엽상체 한가운데에 핀 꽃을 자주 봤기 때문이다.

나는 꽃을 피우는 물질을 연구하고 있었기에 남개구리밥에 다양한 물질을 주며 꽃을 피우고 있었다. 남개구리밥은 일본에도 있어 굳이 꽃 사진도 찍지 않았다.

하지만 일본에 돌아오자, "남개구리밥 꽃 사진 찍었지?"라는 질문을 여러 사람에게 받았다. 서둘러 꽃을 피워 사진을 찍으려 했지만, 일본에 서식하는 남개구리밥은 인공적으로 꽃을 피울 수 없는 종류였다.

일본에 있는 남개구리밥은 자연 속에서도 좀처럼 꽃을 피우지 않는다. 영양 생식으로 번식해 씨앗으로 번식할 필요가 없기 때문이다. 지금도 '미국에서 남개구리밥 꽃 사진을 가져올걸.'하고 후회한다.

세계에서 가장 작은 꽃을 피우는 남개구리밥

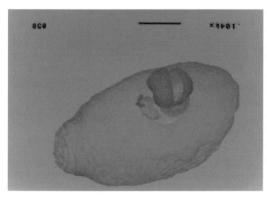

남개구리밥은 꽃을 피우지 않고도 잎 역할을 하는 '엽상체'에서 개체를 만든다. 수술, 암술 같은 성별과 상관없이 개체가 번식하는 방식을 '영양 생식'이라고 한다.

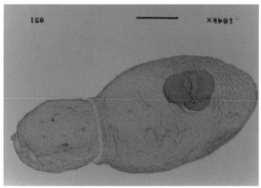

〈사진: 벳부 토시오(別府敏雄)〉

잎 가운데에 꽃을 피우는 식물

가을에 어느 절에서 잎 가운데에 꽃봉오리와 검은색 열매 한 개가 붙어 있는 식물을 발견했어요. 무슨 식물인가요? 잎 가운데에 꽃이 피기도 하나요? 만약 그렇다면 어떻게 그것이 가능한가요?

이 식물은 헬윙기아 야포니카(Helwingia japonica)다. 층층나뭇과 식물로 암꽃과 수꽃이 각각 다른 나무에 피는 암수딴그루(자웅 이주)다. 여름에 잎 가운데에 작은 꽃잎이 서너 장 달린 꽃을 피우고 가을에는 그 꽃에 검은 열매를 맺는다. 잎 위에 탄 꽃과 열매가 마치 뗏목을 조종하는 듯 보인다.

수꽃을 피우는 나무는 잎 한 장에 꽃 여러 송이를 피운다. 한편 암꽃을 피우는 나무는 잎 한 장에 꽃 한 송이만 피우는 경우가 많다. 그래서 가을이면 잎 가운데에 검은 열매가 떡하니 하나만 놓여 있는 것이다.

어떻게 잎 가운데에 꽃이 피는지 신기하겠지만, 식물학 원리에 따라 추론하면 다음과 같다.

대개 식물의 꽃에는 '화병'이라고 부르는, 꽃을 받치는 꽃자루가 있다. 잎에도 '엽병'이라고 부르는, 잎을 받치는 잎자루가 있다. 꽃과 잎은 가지의 거의 같은 부위에서 나온다. 즉, 꽃자루와 잎자루는 거의 같은 부위에서 나온다는 말이다.

원래 꽃자루와 잎자루는 거의 같은 부위에서 두 개로 나뉘어 나오지만, 이 식물은 꽃자루와 잎자루가 서로 붙어 나온다. 잎자루 끝

은 잎 가운데에 있는 두꺼운 잎맥으로 이어졌고 거기에서 꽃이 핀
다. 그래서 잎 가운데서 꽃이 피는 듯 보인다.

헬윙기아 야포니카의 꽃과 열매

수꽃

열매

암꽃

초여름에 꽃을 피우는 암수딴그
루 식물(Q048 참고). 수꽃은 수
술을 서너 개 갖고, 여러 개체가
모여 꽃을 피운다. 암꽃은 수술
하나만을 갖고, 대부분 잎 한 장
에 꽃 한 송이가 핀다.
〈제공: 치구사 원예〉

'식용 꽃'을 둘러싼 이야기

'식용 꽃'이라는 말을 들어본 적이 있어요. 어떤 꽃이 있나요?

'식용 꽃'은 먹을 수 있는 꽃(Edible Flower)이다. '먹을 수 있는 꽃' 하면 예로부터 식용으로 쓰인 온 유채나 머윗대가 떠오른다.

그런데 이 단어는 1980년대에 들어 '먹을 수 있는 꽃'이 유행할 때부터 사용된 말이다. '식용 꽃'이라 부르는 꽃에는 장미, 페튜니아, 비올라, 토레니아, 금어초 등이 있다.

샐러드, 수프, 전채 요리, 나물, 무침 등에 사용하지만, 맛있다고 감탄할 정도는 아닌 듯하다. 채소에 없는 색감을 내거나 요리를 장식할 때 더하려고 쓴다. '먹어도 괜찮은 꽃' 정도가 적당한 표현이다.

식용 꽃이라 해도 관상용으로 팔려고 잘라 놓은 꽃이나 화분에 심긴 꽃은 먹지 않는 편이 좋다. 관상용으로 파는 꽃은 먹는 데 쓸 생각을 염두에 두지 않아 병충해를 막는 농약, 키가 크지 않게 하는 약품, 꽃을 신선하게 하는 약품을 꽃에 사용했을 확률이 높다. 따라서 꽃을 먹으려면, 식용으로 파는 꽃이나 본인이 안전하게 재배한 꽃을 사용해야 한다.

본인이 재배한 경우라도 '먹어서는 안 되는 꽃'이 있다. 투구꽃이나 석산은 꽃에 독이 들어 있다는 사실이 잘 알려져 먹는 사람이 없겠지만, 수선화, 은방울꽃, 복수초에도 독이 든 물질이 포함되어 있으니 주의해야 한다.

여러 식물이 자신을 보호하고자 독을 지니고 있다. 따라서 '먹을 수 있는 꽃'이라고 확실히 알고 있는 꽃만 먹어야 한다.

다양한 식용 꽃

| 금어초 | 삼색제비꽃 | 비올라(파랑) | 비올라(노랑) | 비올라(보라) |

| 비올라(오렌지) | 비올라(셔벗) | 비올라(하양) | 비올라(분홍) | 페튜니아 |

| 패랭이꽃 | 다이애나 | 프리물라(포니) | 프리물라(레이스) | 프리물라(체리) |

> 본인이 안전하게 재배한 월하미인을 먹는 사람이 꽤 있다고 하죠. 수술과 암술을 떼어 내고 꽃잎을 물에 씻고 데쳐 폰즈 소스에 찍어 먹거나, 기름에 볶거나, 스키야키에 넣어서 먹는다는 얘기를 들었어요. 물컹거리는 느낌이라네요.

〈제공: 도요하시 온실원예 농업협동조합〉

'에도(江戸) 동백나무', '히고(肥後)의 여섯 꽃', '이세(伊勢) 삼품'이란?

예로부터 꽃은 소중히 가꾸어졌다고 하죠. 옛이야기에서 '에도(江戸) 동백나무', '히고(肥後)의 여섯 꽃', '이세(伊勢) 삼품'이라는 단어를 접하게 되는데요, 무슨 의미인지 궁금해요.

'에도(江戸) 동백나무'는 에도 시대에 개량한 동백나무를 말한다. 동백나무는 꽃이 시들어 떨어질 때 꽃잎이 제각각 떨어지는 것이 아니라, 꽃이 꽃받침부터 통째로 똑 떨어진다. 꽃이 떨어지는 모양이 목이 떨어지는 모습을 떠오르게 해 무사는 본인 목이 떨어져 나갈까 두려워 동백나무를 멀리했다고 한다.

하지만 그리 믿을 만한 이야기는 아닌 듯하다. 왜냐하면 무사의 시대라 할 수 있는 에도 시대에 동백나무 품종을 개량해 꽃 형태나 색이 뛰어난 품종이 개발되었고, 그중 몇 개는 현재까지 전해져 '에도(江戸) 동백나무'라 불리기 때문이다.

'히고(肥後)의 여섯 꽃'에서 히고는 에도 시대 때 구마모토현의 옛 이름이다. 무사로서 소양을 갖추고자 국화, 동백나무, 애기동백나무, 꽃창포, 나팔꽃, 작약 이렇게 여섯 종류의 식물을 가꾸는 풍습이 성행했다고 한다.

'이세(伊勢) 삼품'에서 이세는 미에현의 옛 이름이다. '이세(伊勢) 삼품'은 이 지역에서 활발히 가꾸어지던 국화, 패랭이꽃, 꽃창포 이렇게 세 종류의 식물을 가리킨다. 특히 이 지역을 중심으로 '이세 국화', '이세 패랭이꽃', '이세 꽃창포' 품종이 발달했다.

'이세(伊勢) 삼품' 중 하나인 이세 꽃창포

꽃창포는 에도 시대에 품종을 개량해 에도(江戶) 계열, 히고(肥後) 계열, 이세(伊勢)
계열 등으로 나뉘었다.

〈촬영: 오노 준코(小野順子)〉

개성 넘치는 꽃들

다정한 말을 건네면서 식물을 키우면?

'식물에 다정한 말을 건네면 줄기가 튼실하게 자라 큰 꽃을 피운다.'라는
말을 들었는데, 정말인가요?

그런 현상이 있기는 하지만, 사람이 다정하게 건네는 말을 식물
이 이해하기 때문은 아니다. 키우는 사람은 식물에 말을 걸면서 정
성껏 식물을 만진다. 식물은 '만져 주면 느끼는' 성질을 지니고 있
다. 이 성질은 실험을 통해 쉽게 확인할 수 있다.

같은 날에 튼 두 나팔꽃 싹을 각각 화분에 심고 같은 조건에서 길
렀다. 단, 한쪽 화분에 있는 싹만 매일 엄지와 검지로 줄기를 잡고
위아래로 문질러 주었다. 잎사귀도 어루만져 주었다.

일주일이 지나기도 전에 두 싹 사이에 차이가 나타났다. 만져 주
지 않은 나팔꽃은 두 장의 떡잎 사이에서 새로운 싹이 트고 덩굴줄
기가 자라고, 또 새잎이 돋아나며 키가 쑥쑥 자랐다. 반면 매일 줄기
와 잎을 만져 준 나팔꽃은 두 떡잎에서 싹이 별로 자라지 않았고 키
도 크지 않았으나 줄기가 두꺼워졌다. 만졌는지 안 만졌는지에 따
라 차이가 났다.

나팔꽃 싹은 만져 주는 손길을 제대로 느꼈다. 매일 만지며 식물
을 키우면 아무것도 하지 않는 경우와 비교해 식물이 작고 튼실하
게 자란다. 이 현상은 많은 식물에서 실제로 나타난다.

'매일 다정한 말을 건네면 식물은 작고 예쁘게 자라 아름다운 꽃
을 피운다. 식물은 마음이 있어 애정에 응답해 작고 튼실하게 자란

다.'라는 말이 있다. 하지만 식물에 마음을 담아 다정한 말을 걸든 나쁜 말을 걸든 식물은 이해하지 못한다. 말을 걸면서 만져 주는 것을 느낄 뿐이다. 만져 주면 만져 줄수록 작고 튼실하게 자란다.

나팔꽃 실험

매일 정성껏 만져 준
나팔꽃

매일 적당히 만져 준
나팔꽃

만져 주지 않은
나팔꽃

시험 삼아 나쁜 말을 하고 만져 주면서 식물을 키워 보세요. 다 정하게 말을 건네며 키운 식물과 마찬가지로 줄기가 튼실해지고 큰 꽃을 피울 거예요.

병문안하시는 분들께

'병문안할 때, 꽃다발은 안 가져가는 편이 좋다.'라고 하는데 왜 그렇죠?

몇십 년 전 병문안할 때는 으레 과일이나 꽃다발을 가져갔다. 식욕이 없어도 과일은 먹을 수 있기 때문이다. 그 과일에 환자가 건강해지기를 바라는 마음을 담고는 했다. 또한 꽃은 우울해하는 환자 마음을 밝게 해 주기 때문에 많은 사람들이 찾았다.

하지만 화분은 병문안할 때 가져가지 않았다. 화분에 심은 식물을 보면 '뿌리내린다'는 의미가 떠올라, 병이 낫지 않은 채 병원에 계속 있으라는 뜻으로 해석될 수 있어서다.

"병문안 때 가져가는 꽃다발이 병실 공기를 나쁘게 하나요?"라는 질문을 받은 적이 있다. 분명 식물의 잎은 낮에는 산소를 내뿜지만, 밤에는 사람과 마찬가지로 산소를 흡수하면서 이산화탄소를 내보낸다. 또한 꽃은 밤낮으로 산소를 흡수하고 이산화탄소를 방출한다. 다시 말하면 '병실 안에 산소가 줄고 이산화탄소가 늘어나 공기가 나빠지므로 환자에게 좋지 않다.'라는 뜻이 담긴 질문이다.

잎이나 꽃의 양, 병실 면적이나 밀폐 정도에 따라 다르겠지만, 식물이 호흡해 산소가 줄고 이산화탄소가 늘어 환자가 숨쉬기 곤란한 일은 없다. 그보다 생생한 꽃이 풍기는 아름다움이 기분을 한껏 올려주는 효과가 훨씬 크리라.

하지만 최근 다른 이유로 병문안할 때 선물로 꽃을 주는 것이 좋지 않다는 사실을 알게 되었다. 어느 병원을 방문했을 때 아래와 같은 게시물이 병실 입구에 붙어 있었다.

병실 입구 게시판

병문안하시는 분들께

생화, 화분, 말린 꽃은 감염과 알레르기의 원인이 됩니다. 병실로 들이지 말아 주십시오. 그리고 꽃병 안에 든 물은 미생물이 번식할 수 있어 위상상 좋지 않습니다. 세면대에서 꽃병 물을 가는 일은 삼가십시오. 여러분의 협조 부탁드립니다.

자른 꽃을 오래 유지하는 방법

자른 꽃을 오래 유지하는 방법이 여럿 있던데, 가장 효과적인 방법은 무엇인가요?

간단히 대답하기 어려운 질문이다. 자른 꽃을 오래 유지하는 방법은 다양하다. 자른 꽃의 수명이 꽃을 자르고 나서 정해지는 것만은 아니다. 자른 꽃이 될 때까지 어떻게 자라 왔고 어떻게 꽃을 피웠는지에 따라 수명이 크게 달라진다는 점을 먼저 알아야 한다.

여기서는 꽃이 과거에 어떻게 자라 왔는지는 고려하지 않으려 한다. 똑같은 환경에서 자란 식물이 똑같이 꽃을 피운 다음, 자른 꽃이 되었다고 가정하며 이야기를 풀어 본다.

자른 꽃을 오래 유지하려면 줄기를 자른 데부터 꽃까지 물이 원활히 전해져야 한다. 자른 부분으로 들어온 물은 줄기 속 '물관'이라는 가느다란 관을 통해 위로 올라간다. 물이 관을 거쳐 순조롭게 올라가려면 관 속에서 쭉 이어져 있어야 한다.

꽃과 잎은 물을 빨아올리는 일을 하는데 만약 중간에 물 연결이 끊기면 위에서 빨아올리려 해도 물은 올라가지 못한다. 물을 잘 빨아올리지 못하면 자른 꽃은 오래 갈 수 없다.

여기서 '줄기를 자를 때 물속에서 자른다.'가 핵심이다. 자를 때 줄기 속에 공기가 들어가면 물관에 든 물이 이어지지 않고 끊길지도 모른다. 물줄기가 끊이지 않도록 물속에서 줄기를 자른다. 그렇게 하면 줄기를 자른 부분으로 공기가 들어가지 않으므로 물이 쭉 이어지며 원활하게 물을 빨아올려 꽃을 오래 유지할 수 있다.

꽃집에서 산 꽃이든, 정원이나 꽃밭에서 꺾은 꽃이든, 정성을 담아 선물한 꽃이든, 잘린 꽃가지는 공기에 드러난다. 따라서 자른 꽃을 꽃병에 꽂기 전 물속에서 다시 자르는 것도 좋은 방법이다.

자른 꽃을 오래 유지하는 다양한 방법

- 표백제를 꽃병에 몇 방울 떨어뜨린다.
- 10엔짜리 동전을 꽃병에 넣는다.
- 자른 꽃가지를 뜨거운 물에 살짝 담그거나 간장에 데친다.
- 자른 꽃가지를 알코올이나 식초에 잠깐 담근다.
- 설탕을 꽃병 물에 넣는다.
- 청량음료를 꽃병 물에 넣는다.

자른 꽃을 오래 유지하는 살균 효과

자른 꽃을 오래 유지하려면 '꽃을 꽂는 용기를 청결하게 하고 자주 물을 갈아야 한다.'라고 하던데, 왜 그런가요?

꽃을 꽂는 용기에 미생물이 번식하면 줄기 단면이 막혀 물을 잘 빨아들이지 못한다. 미생물 번식을 막으려면 꽃을 꽂는 용기를 청결하게 유지하고 물을 자주 갈아야 한다.

물을 갈 때 줄기를 살짝 잘라 주면 좋다. 줄기 끝을 잘라 정리하면 줄기 단면이 싱싱해져 물을 잘 빨아들일 수 있다.

'표백제를 용기에 몇 방울 떨어뜨리면 꽃을 오래 유지할 수 있다.'라는 말은 표백제가 살균 작용을 하리라 기대한다는 뜻이다. 하지만 표백제는 미생물을 죽일 뿐만 아니라 식물에도 해를 끼친다. 따라서 표백제 넣는 양을 잘 조절해야 한다.

'10엔짜리 동전을 넣으면 꽃이 오래 간다.'라는 말도 있다. 10엔짜리 동전에는 구리가 들어 있다. 동전이 물에 들어가면 거기서 구리 이온이 녹아 나온다. 구리 이온은 살균 작용을 하므로 물속에서 미생물이 번식하지 못하도록 막는다. 따라서 줄기 단면이 물을 원활히 빨아들여 꽃을 오래 보존할 수 있다.

'자른 꽃가지를 뜨거운 물에 살짝 담그거나 간장에 데치거나, 알코올이나 식초에 담가도 좋다.'라고 한다. 다른 작용이 있는지는 모르겠지만, 대부분 살균 작용으로 인한 효과다. 물관이라는 줄기 속 물 통로에 미생물이 번식하는 현상을 억제하는 효과가 있다고 생각한다.

줄기 단면에서 물을 순조롭게 빨아들여 꽃을 오래 유지할 수 있다.

단, 모든 식물에 효과가 있다고 장담할 수는 없다. 자른 꽃을 오래 유지하는 실험을 할 때 식물 종류에 따라 결과가 크게 달라진다. 그러면서 '식물은 개성이 풍부한 생명체'라는 사실을 새삼 깨닫게 된다.

꽃 크기에 영향을 미치는 당

슈크로스(sucrose, 당)를 농도를 달리해 넣는다.

6일차

당은 미생물이 잘 번식하도록 돕는 기능이 있어 꽃 수명이 줄어들지 않을까 걱정되죠. 하지만 꽃봉오리에 당을 넣으면 큰 꽃을 피울 수 있어요.

〈촬영: 가마모토 가즈아키(鎌本和彰)〉

물   슈크로스 8%

자른 꽃을 오래 유지하는 '당' 효과

'설탕을 조금 넣으면' 자른 꽃을 오래 유지할 수 있다고 하던데, 왜 그런가요?

꽃은 숨을 쉬려면 에너지가 필요하고, 에너지를 만들려면 포도당(글루코스)과 자당(슈크로스) 같은 당이 필요하다. 이런 물질은 원래 잎이 빛을 쬐면서 광합성을 해 만들어지고 식물 몸에 쌓인다.

하지만 자른 꽃에는 잎이 거의 남아 있지 않다. 잎이 달려도 작은 잎 몇 장 달릴 뿐이다. 게다가 자른 꽃은 대개 빛이 약한 실내에 놓여 광합성을 하지 못해 포도당을 만들어 내지 못한다.

그러면 식물이 싱싱하게 살아가게 하는 에너지를 만들어 낼 수 없다. 그래서 자른 꽃에 당을 공급하는 것이다. 식물 종류에 따라 다르지만, 물에 당을 살짝 더해 꽃이 당을 빨아들이게 하면 웬만한 꽃은 건강하게 오래 살아간다.

당 농도를 얼마로 할지 결정하기가 어렵다. 당은 꽃이 숨을 쉬는 데 도움을 주지만 동시에 미생물이 증식하는 일도 돕기 때문이다. 얼마나 많은 당을 며칠 동안 먹일지 결정하는 데는 시행착오가 뒤따른다.

당을 넣을 때 미생물 번식을 억제하는 물질을 같이 넣어도 좋다. 이때 살균제가 너무 강하면 꽃 수명이 짧아지기 때문에 살균제 종류에 따라 농도를 조절해야 한다.

자른 꽃에 영향을 미치는 당

실험 조건
● 25℃
● 24시간 연속 조명

당(슈크로스)을 빨아들이게 한다.

● 3일차 꽃 크기와 색깔

물　　　슈크로스 4%

● 6일차 꽃 수명

물　　　슈크로스 4%

자른 도라지에 당을 4%가량 넣어 주면 꽃 수명과 겉모양이 몰라보게 달라져요. 그래서 자른 꽃을 오래 유지하려면 투여하는 당의 농도와 기간과 시기를 알아야 하는 거죠. 하지만 식물은 개성이 풍부해서 한 식물에서 파악한 당의 농도, 기간과 시기가 다른 식물에도 유효하다고 단정 지을 수 없어요. 안타깝지만 '보통 이 정도가 적절하다.'라고 말할 수가 없죠.

자른 꽃을 오래 유지하기 좋은 장소는?

꽃으로 꾸미는 방은 따뜻해야 좋나요? 추워야 좋나요?

방 온도는 자른 꽃 수명에 큰 영향을 준다. 온도가 높을수록 꽃은 가쁘게 숨을 쉬고 빨리 시든다. 온도를 낮추면 꽃이 시드는 속도를 늦출 수 있고 수명도 길어진다.

같은 날 꽃집에서 사서 막 피어난 꽃을 10℃, 15℃, 20℃, 25℃ 방에 각각 둔다. 온도가 낮은 방에 놓은 꽃일수록 오랫동안 싱싱하다. 그래서 겨울에 난방을 하지 않은 방이나, 여름에 냉방을 한 방에 둔 꽃일수록 수명이 길다.

온도가 오르내리면 꽃 수명은 줄어든다. 이 원리는 자른 지 얼마 되지 않은 꽃을 실어 나를 때 활용한다. 이전에는 자른 꽃을 운반 차량의 컴컴한 짐칸 안에 넣어 낮은 온도를 유지하며 실어 날랐다. 활짝 핀 꽃이나 꽃봉오리를 차갑고 어두운 상자 안에 넣어 나르면 꽃이 생기도 없어지고 어느 정도 시들 수밖에 없었다. 그런데도 높은 온도보다 낮은 온도 아래 두고 수송하는 편이 더 좋다고 생각했다.

꽃봉오리는 어둡고 온도가 낮은 장소에서 밝고 온도가 높은 장소로 옮겨지면 갑자기 활짝 핀다. 이는 여러 식물 종의 꽃봉오리가 두루 가진 성질이다. 갑자기 밝고 따뜻한 꽃집으로 옮겨진 꽃봉오리는 어김없이 활짝 피는데, 이처럼 급격한 온도 변화에 따른 개화는 꽃이 오래 살지 못하게 한다.

그래서 새로운 수송 방법이 생겨났다. 꽃봉오리든 활짝 핀 꽃이

든 물이 담긴 양동이 같은 용기에 자른 꽃을 그대로 담아 운반 차량으로 실어 나르는 방식이다. 나르는 중에도 온도가 변하지 않게 하고 조명 기구로 태양처럼 빛을 비춘다. 낮과 밤이 있듯이, 빛을 내리쬐는 시간도 하루 12시간으로 정한다. 이런 방법으로 수송하면 자른 꽃이 자꾸 변하는 온도에 시달리지 않으니 건강하게 오래 살 수 있다.

자른 꽃의 수명에 영향을 미치는 온도

● 0일차

25℃ 20℃ 15℃ 10℃

● 8일차

25℃ 20℃ 15℃ 10℃

● 13일차

20℃ 15℃ 10℃

〈촬영: 가마모토 카즈아키(鎌本和彰)〉

새로운 수송 방법은 자른 꽃 뿐만 아니라 화분에 심은 꽃에도 쓰이고 있어요. 재배 조건과 거의 비슷하므로 꽃이 스트레스를 느끼지 않고 건강한 상태를 유지하죠. 말하자면 '재배하는 상태 그대로, 꽃을 소비자에게 전해주는' 시스템이에요. '운반 차량 짐칸에 조명 기구를 밝히면 차량 온도가 오르지 않을까?' 하는 걱정이 생기죠. 최근 발광 다이오드 조명이 보급되었는데, 이 조명은 열을 매우 조금 낸다는 장점이 있어요.

자른 꽃을 오래 유지하도록 돕는 물질은?

어버이날, 나가노현에서 기른 카네이션이 꽃봉오리인 상태로 오사카까지 옮겨졌어요. 그런데 옮겨지고도 꽃이 피지 않고 꽃봉오리인 채 그대로였어요. '카네이션 꽃봉오리가 사과가 가득 든 상자와 함께 화물차로 옮겨졌기 때문'이라고 하던데요. 왜 사과가 가득 든 상자와 함께 옮겨지면 카네이션 꽃봉오리는 피지 않는 걸까요?

카네이션 꽃봉오리나 꽃은 '에틸렌'이라는 기체에 민감하다. 그래서 에틸렌이 공기 중에 아주 조금만 들어 있어도 꽃봉오리는 피지 않고 핀 꽃은 시들어 버린다.

에틸렌은 잘 익은 사과에서 뿜어져 나온다. 사과가 가득 든 상자에서 뿜어져 나온 에틸렌을 카네이션 꽃봉오리가 빨아들여서 꽃이 피지 않은 것이다. 에틸렌은 카네이션뿐 아니라 나리, 스위트피, 꽃도라지, 안개초, 금어초 같은 꽃도 시들게 한다.

따라서 에틸렌이 작용하지 못하도록 막는 물질이 있으면 자른 꽃은 오랫동안 신선하게 산다. 실제로 그런 물질이 있다. 바로 은이다. 하지만 은은 식물에 그대로 흡수되기 어렵다. 그래서 은을 포함하며 식물이 빨아들이기 쉬운 물질인 '싸이오황산 나트륨'이 만들어졌다.

카네이션을 시장에 내기 전에 꽃에 싸이오황산 나트륨을 넣어 주면 꽃은 두 배 정도 오래 간다. 그래서 꽃집에서 파는 카네이션에는 대부분 싸이오황산 나트륨이 들었다.

카네이션 실험

실험 시작 전 카네이션

꼭 닫은 유리 용기 속
카네이션

잘 익은 바나나, 사과
같은 과일은 에틸렌
을 뿜어내요.

바나나가 없는
용기의 꽃

바나나가 있던
용기의 꽃

이틀 후 결과

식물 친구는 꽃 모양으로 찾아낸다

'식물 친구끼리는 꽃 모양이 비슷하다.'라고 하는데, 어떤 의미인가요?

식물 친구란 같은 과에 속하는 식물을 뜻한다. 같은 과에 속하는 식물은 꽃 모양이 비슷하다.

매실나무, 복사나무, 돌배나무, 벚나무, 사과나무, 비파나무, 딸기 등은 장미과 친구들이다. 따라서 꽃 구조가 매우 닮았다. 겹꽃잎은 별개로 하고, 꽃잎은 5장, 수술은 여러 개, 암술은 1개, 꽃받침은 5장으로 정해져 있다.

가지, 토마토, 감자는 가짓과 친구들이다. 역시 꽃이 매우 닮았다. 감자 꽃은 예전에 관상용이나 장식용으로 쓰였을 만큼 아름답다. 꽃잎은 나뉘어 있지 않으며 '통꽃'이라 불린다. 가지 꽃도 감자 꽃과 비슷하다. 가지와 토마토 열매는 색깔이나 형태는 다르지만, 겉면에 도는 윤기나 열매 속 씨 모양이 매우 비슷하다.

수박, 오이, 호박, 수세미오이, 여주는 한자로 쓰면 西瓜, 黃瓜, 南瓜, 糸瓜, 苦瓜다. 덩굴 식물을 뜻하는 瓜(과)라는 글자가 이름에 공통으로 쓰이며 박과에 속하는 친구들이다. 따라서 꽃 모양이 비슷하다. 통꽃이며 노란 꽃이 암꽃과 수꽃으로 나뉘었고 한 그루에서 같이 핀다.

민들레는 노란색 꽃잎처럼 보이는 한 장 한 장이 하나의 작은 꽃이다. 작은 꽃이 여러 개 모여 머리 모양을 한 꽃을 '두화' 또는 '두상화'라 부른다. 국화과 식물은 대체로 두상화를 피운다. 민들레 친구로는 국화, 코스모스, 해바라기가 있다.

세 가지 유형의 국화과 꽃

국화과의 세 가지 유형		
① 민들레 유형	설상화만	
② 코스모스 유형	설상화+통상화	
③ 엉겅퀴 유형	통상화만	

〈촬영: 히라타 레오(平田礼生)〉

국화과 '두상화'에는 세 가지 유형이 있다.

첫째, 설상화로만 이루어진 유형으로 민들레가 있다. 꽃잎처럼 보이는 것을 한 장 살포시 잡아떼면 수술과 암술이 따라 나온다. 꽃잎이 평평해 혀처럼 생겼다고 해서 꽃 하나하나를 설상화라 부른다. 설상화만으로 이루어져 많은 꽃잎이 모여 있는 듯 보인다.

둘째, 설상화와 통상화(관상화)가 합쳐진 유형으로 코스모스와 해바라기가 있다. 꽃 주변에 설상화가 꽃잎을 펼친 모양이다. 꽃 가운데에 수술이 여럿 있는 듯하지만, 자세히 들여다보면 작은 관 같은 것이 모여 있다. 정확히 말하면 관 하나가 꽃이다. 통 모양으로 생겨서 통상화, 관처럼 보여서 관상화라고 한다.

셋째, 통상화로만 이루어진 두상화다. 꽃잎처럼 보이는 것이 없다. 머위나 엉겅퀴가 있다.

두고 보면서 즐기기에도 좋은 채소 꽃

'채소도 예쁜 꽃을 피운다.'라고 들었는데, 정말 그런가요?

물론이다. 일부러 감상할 일이 별로 없는 잡초도 자세히 보면, 꽃이 고운 색깔을 띠고 매력적인 자태를 뽐낸다. 꽃잎 빛깔이 화려하지 않고 꽃도 크지 않지만, 짜임새가 참 아름답다.

사람들이 보통 말하는 '예쁜 꽃'은 화려한 빛깔로 시선을 끄는 큰 꽃이다. '예쁜 꽃'을 피우는 채소도 많다.

오이, 호박, 수박, 토마토, 가지, 피망, 감자, 완두, 대두 등은 꽃이 피고 나서 거두어들이는 채소다. 이것들을 기르는 밭이 집 가까이에 있거나, 집에서 직접 기른다면 꽃을 쉽게 볼 수 있다.

오이, 호박, 수박 꽃은 샛노란 색깔이어서 눈에 잘 띈다. 가지나 감자 꽃은 기품 있는 보라색인데, 예로부터 꾸미는 용도로 자주 쓰였다. 완두 꽃도 매력이 있다.

이에 반해 꽃이 피기 전에 먹는 채소류는 좀처럼 꽃을 볼 기회가 없다. 소송채, 양배추, 배추는 배추과 식물로 유채와 비슷한 꽃을 피운다. 양상추는 국화과 식물로 국화와 비슷한 꽃을 피운다.

개인 취향에 따라 다르지만, 많은 사람이 '가장 예쁜 채소 꽃'으로 오크라 꽃을 꼽는다. 오크라는 아욱과 식물로 아프리카에서 맨 처음 자라났다. 친구로는 주로 관상용으로 길러지는 무궁화, 부용, 히비스커스가 있다. 오크라 꽃은 이들 꽃과 매우 닮았다.

오크라 꽃

여름날 아침 오크라를 심은 밭에 가면 예쁜 꽃들이 즐비하게 피어, 마치 꽃밭 같다. 저녁이 되면 꽃은 시든다.

꽃봉오리가 발아하는 식물은?

대개 싹이 나오고 잎이 자라면서 꽃봉오리가 생기고 꽃이 피죠. 하지만 '잎
이 없는데 갑자기 꽃봉오리가 나오고 꽃이 피는 식물이 있다.'라고 들었어
요. 어떤 식물인가요?

Q006에서 소개한 대로 잎이 나오기 전에 꽃을 피우는 수목은 많
다. 수목이라 줄기나 뿌리에 영양분을 쌓을 수 있어 가능한 일이다.

하지만 화초는 잎이 나오고 성장해 영양분을 쌓은 후 씨앗과 열
매를 만든다. 씨앗에서 싹이 나오고 갑자기 꽃이 피면 씨앗이나 열
매를 만들어 낼 영양분이 없어 씨앗을 남기지 못한다. 따라서 '잎이
없는데 느닷없이 꽃봉오리를 맺고 꽃을 피우는 화초'는 땅속에 영
양분을 쌓아 두고 있겠다.

알뿌리 속에 영양분을 쌓는 '알뿌리 식물'이 있다. 튤립, 히아신
스, 수선화 등 봄에 꽃을 피우는 알뿌리류는 지난해 여름 꽃봉오리
를 만든다. 그래서 '발아할 때 꽃봉오리를 틔우나?'라고 생각할지
모른다. 하지만 그렇지 않다. 알뿌리 식물에서 발아하는 것은 잎이
다. 적은 잎을 내놓고 나서 꽃을 피운다.

갑자기 꽃봉오리가 싹을 틔우는 식물로 석산이 있다. 가을 오히
간(추분을 가운데에 두고 앞뒤로 각각 사흘을 더해 총 일주일 동
안)에 꽃을 피워 일본에서는 히간바나(彼岸花)라고 불린다. 꽃이
피는 모습을 관찰하면, 오히간 무렵인 9~10월경에 알뿌리에서 발
아해 땅 위로 꽃봉오리가 뻗어 나온다. 꽃봉오리는 5월 중순 흙에
묻힌 알뿌리 속에서 만들어진다.

꽃봉오리가 땅 위로 나오면 새빨간 꽃이 핀다. 신기하게도 이때 식물에는 아직 잎이 없다. 꽃이 시들고 모습을 감춘 다음, 잎이 나온다. 늦가을부터 겨울에 걸쳐 들이나 논두렁에 가늘고 길면서 두꺼운 진초록 잎이 그루 가운데에서 여러 개 나온다. 따뜻한 봄, 다른 잡초가 자라기 시작할 때쯤 잎은 시들고 모습을 감춘다.

석산의 꽃과 잎

〈촬영: 다지 코지로(丹治弘次郎)〉

석산은 꽃과 잎이 만난 적이 없다. 즉, 꽃은 잎을, 잎은 꽃을 본 적이 없다. '꽃이 있으면 잎이 없고, 잎이 있으면 꽃이 없다.'라는 뜻에서 '하미즈 하나미즈(ハミズハナミズ)'라고 불린다. 또한 상대 모습을 보지 못해 서로 그리워한다고 해서 '상사화'라고도 불린다.

79

석산은 가을 오히간에 꽃을 피울까?

석산은 따뜻한 지방이든 추운 지방이든 일본 곳곳에서 거의 비슷하게 오히간(お彼岸) 무렵에 꽃이 핀다고 해서 '히간바나'로 불린다던데, 사실인가요?

나는 몇 년 전부터 일본 곳곳에서 만난 현지인에게 "여기는 히간바나가 언제 피나요?"라고 묻는다. 그러면 대부분 "가을 오히간에 펴요."라고 대답한다.

'히간바나니까 당연히 오히간에 필 것'이라는 선입견이 있을지 모른다. 꽃이 오히간이 아닌 시기에 피면 정작 이름과는 다르다고 생각하는 사람이 많으리라.

가진 자료를 뒤져 가며 석산 꽃이 피는 시기를 조사하니 그 시기가 지방마다 조금 달랐다. 따뜻한 지방은 추운 지방보다 열흘 정도 빨리 꽃이 피는 경향이 있다. 그래도 거의 오히간 무렵이었다.

그러면 왜 오히간에 꽃을 피울까? 답은 '여름이 지나고 선선한 가을이 오면 피는 꽃이니까.'이다. 하지만 그렇게 생각하면 이상한 점이 있다.

내가 사는 교토에는 은행나무가 노랗게, 단풍나무가 빨갛게 물드는 속도가 몇십 년 전과 비교하면 무척 더디다. 수목이 단풍으로 물드는 일은 날이 추워지면서 일어나는 현상이다. 그런데 최근 지구온난화와 열섬 현상 때문에 단풍철이 늦어지고 있다. 그런데도 석산이 피는 시기는 예전과 달라지지 않았다. 석산이 가을 오히간 무렵에 피는 이유는 단지 서늘해져서가 아니다.

'최저 기온이 20℃ 이하로 떨어지면 핀다.'라고 할 때 20℃처럼, 절대 온도에 반응하지도 않는 듯하다. 만약 그렇다면 추운 지방에서는 빨리 피고 따뜻한 지방에서는 늦게 피어야 한다. 또 추운 해는 빨리 피고, 가을이 더운 해는 늦게 피어야 한다.

석산의 평년 개화일 (9월)

지바현 조치시	19일	아이치현 나고야시	20일
시즈오카현 시즈오카시	14일	나라현 나라시	18일
군마현 마에바시시	14일	미에현 쓰시	16일
도야마현 도야마시	21일	와카야마현 와카야마시	16일
나가노현 나가노시	17일	오카야마현 오카야마시	15일
이시카와현 가나자와시	20일	고치현 고치시	11일
후쿠이현 후쿠이시	21일	오키나와현 나하시	9일

일본 기상청 평년(1971~2000년) 기록을 바탕으로 작성

석산은 꽃봉오리가 5월 중순에 알뿌리 속에서 만들어진다. 가을에는 꽃봉오리가 발아한다. 그때까지는 땅 위에 잎이나 줄기가 없고 땅속에서 알뿌리만 자라고 있으므로 알뿌리 스스로 가을 오히간 시기를 감지해야 한다. 이런 점에서 석산은 가을에 기온이 내려가 꽃을 피운다고밖에 설명할 길이 없다.

석산이 가을 오히간 말고
다른 시기에 꽃을 피울 수도 있을까?

봄에 피는 튤립 꽃을 정월이나 크리스마스에 피울 수 있죠. 마찬가지로 가을 오히간에 피는 석산을 다른 계절에 피울 수 있나요?

봄에 꽃이 피는 튤립, 수선화, 히아신스 같은 알뿌리류는 봄에 꽃을 피우고자 추운 겨울을 견뎌 낸다. '겨울이 지나갔는지 확인하고 꽃을 피우는' 신중한 성격을 지녔다. 그런 튤립 꽃을 정월이나 크리스마스에 억지로 피우려면 알뿌리를 2~3개월 동안 차가운 냉장고 안에 두었다가 꺼낸 다음 길러야 한다.

석산의 꽃봉오리는 5월 중순에 만들어진다. 봄에 생긴 꽃봉오리가 가을까지 꽃을 피우지 않으면 무더운 여름에 생장을 시작하지 않았다는 뜻이다. 꽃봉오리는 여름 무더위를 땅속에서 견디다가 가을에 서늘해지면 자라기 시작한다.

여름철 높은 온도가 꽃봉오리 생장을 막고 있다. 꽃봉오리는 여름이 지나갔는지 확인하는 과정에서 그 높은 온도를 이겨 내야 한다.

어찌 되었든 여름 무더위는 5월 중순 알뿌리 속에서 만들어진 꽃봉오리가 여름에 피지 못하게 한다. 5월 하순부터 여름같이 더운 (35℃) 장소에 꽃봉오리를 넣어 두고 6월, 7월, 8월, 9월, 10월, 11월에 한 달마다 가을처럼 선선한(18℃) 장소로 옮겨 보았다. 그러자 6월에도 7월에도 꽃봉오리가 발아해 꽃을 피웠다. 가을 오히간보다 먼저 꽃을 피우기는 의외로 간단하다.

석산을 가을 오히간에 피지 못하게 하고 크리스마스까지 늦추는
데도 도전했다. 6월부터 알뿌리를 높은 온도(35℃)에 두었다가 12
월 초순에 가을처럼 선선한(18℃) 장소에 꺼내 놓았다. 그랬더니 석
산은 12월 중순에 꽃을 피웠다. 즉, 꽃이 피는 시기를 12월 중순까
지 늦출 수 있다는 뜻이다.

알뿌리에서 자라는 꽃봉오리

〈촬영: 나카에 료(中江 涼)〉

12월이 되면 알뿌리는 기
다리지 못하고, 흙에 묻어
두지 않아도 꽃봉오리가
나오기도 해요. 그래서
더 이상 늦추기는 힘들
죠. 너무 오랜 시간 높은
온도에 방치하면 꽃봉오
리가 알뿌리 속에서 시들
기도 하더라고요.

석산이 가을 오히간에 꽃을 피우는 원리는?

'최저 기온이 20℃ 이하로 내려가면 핀다.'라고 할 때 20℃처럼, 절대 온도에
반응하지 않는다면(Q034), 어떻게 가을 오히간에 꽃을 피울 수 있나요?

나는 '석산은 절대 온도에 반응하지 않고, 온도 변화를 감지해
꽃을 피운다.'라고 생각한다. 여름 온도가 약 35℃, 가을 온도가 약
25℃라고 하면, 둘 사이에 10℃라는 온도 차가 발생한다. 10℃가 아
니어도 상관없지만, 석산은 그저 온도가 변했는지 감지하고 꽃을
피우고 있는 듯하다.

10℃ 차이에 반응하는지, 8℃, 5℃ 차이에 반응하는지는 알 수 없
다. 최저 온도, 최고 온도, 평균 온도 중 어떤 온도 차이를 감지하는
지도 알 수 없다. 여름 온도가 낮은 지방이든 높은 지방이든 상관없
이 가을에 온도는 내려간다. 따라서 무더웠던 여름과 오히간 사이
에는 당연히 온도 차가 난다.

추운 지역보다 따뜻한 지역에서 빨리 꽃이 피는 경향이 있다고
말한 바 있다. 이 말이 온도 변화를 감지해 꽃이 핀다는 사실을 부
정하지는 않는다. 추운 지역보다 따뜻한 지역에서 온도가 빨리 변
한다고 하면 그런 경향이 보여도 이상하지 않다.

'석산은 꽃이 필 때까지 온도가 심하게 변하는 땅 위로는 모습을
드러내지 않고 흙 속에만 있어 온도 변화를 감지하지 못한다.'라고
생각할지 모르지만, 그렇지 않다. 알뿌리는 온도가 심하게 변하는
땅의 겉면 근처에 머무른다. 따라서 온도 변화를 충분히 감지할 수
있다.

오히간 전에 땅 위로 얼굴을 내미는 석산 꽃봉오리

석산이 피는 시기를 둘러싼 수수께끼

❶ 전국 어디를 가나 오히간에 핀다.

❷ 단풍 일정이 달라져도 석산이 피는 시기는 거의 변함없다.

❸ 높은 온도에서 낮은 온도로 옮겨 가면 언제든지 핀다.

'석산은 절대 온도에 반응하지 않고 온도 변화를 감지해 꽃을 피운다.' 이 말로 세 가지 수수께끼를 설명할 수 있다. 이렇게 생각하면 여름과 가을 오히간 시기에 온도 차가 생기므로 일본 곳곳에서 꽃이 피는 모양이 이해된다. 지구 온난화나 열섬 현상으로 따뜻해져도 석산이 피는 시기는 달라지지 않으리라.

하지만 이것은 어디까지나 내 가설이므로 앞으로 연구가 필요하다.

계절을 상징하는 꽃들

'식물은 계절을 알고 꽃을 피운다.'라고 하는데, 계절을 상징하는 꽃을 알려 주세요.

계절을 상징하는 꽃은 여러 가지가 있다. 예로부터 시로 읊어진 '봄철 나나쿠사(일곱 가지 나물)'과 '가을철 나나쿠사'가 대표할 만하다.

'봄철 나나쿠사'는 미나리, 냉이, 떡쑥, 별꽃, 개보리뺑이, 순무, 무다. 이른 봄 일곱 가지 나물로 죽을 끓여 먹었다. 꽃망울을 일찍 터뜨려 봄을 알려주는 꽃이기도 하다.

'가을철 나나쿠사'는 가을 내음을 물씬 풍긴다. 싸리, 억새, 칡, 패랭이꽃, 마타리, 등골나물, 도라지다.

이 밖에도 계절을 대표하는 꽃은 일본 전통 시가인 하이쿠나 렌가에서 계절어로 쓰였다. 봄이 왔음을 축하하는 복수초(福寿草)는 장수하며 복을 누린다는 의미를 담은 꽃답게 한 해를 시작하는 시기와 잘 어울린다.

계절어로 쓰인 식물이 꼭 그 계절에만 꽃을 피우지는 않는다. 예를 들어 단풍은 봄에 꽃을 피우지만, 단풍이 붉게 물드는 가을철을 대표한다. 또 백량금은 여름에 꽃을 피우지만, 붉은 열매가 열리는 겨울을 대표하는 계절어로 쓰인다.

봄의 서향, 여름의 치자나무, 가을의 금목서, 겨울의 납매처럼 꽃향기가 계절을 상징하기도 한다.

계절어로 쓰인 꽃들

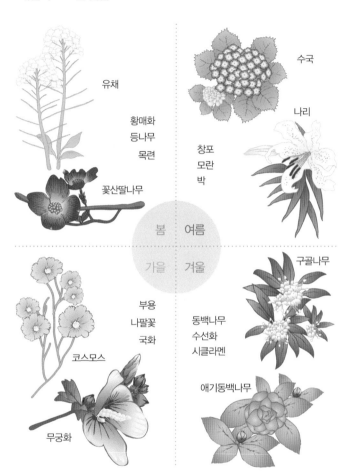

유채

황매화
등나무
목련

꽃산딸나무

수국

나리

창포
모란
박

봄　여름

가을　겨울

부용
나팔꽃
국화

코스모스

무궁화

구골나무

동백나무
수선화
시클라멘

애기동백나무

'꽃말'에 빠져 보자!

식물에는 '꽃말'이 있던데, 어떻게 붙여졌나요?

꽃말은 식물학회나 원예학회가 정하지 않았다. 그러니까 누구나 자유롭게 꽃말을 붙일 수 있다. 예로부터 여러 관점에서, 꽃과 식물이 지닌 인상과 특징을 잘 표현하는 꽃말이 붙여져 왔다. 몇 가지 소개하면 다음과 같다.

꽃 색에서 딴 꽃말이 있다. 순백을 떠올리게 하는 나리 '카사 블랑카'의 꽃말은 '순수', '무구', '순결'이다. 마찬가지로 흰색 꽃을 피우는 난초과 카틀레야는 자태에서 풍기는 '고귀함', '우아한 여성'이라는 꽃말을 가지고 있다.

예로부터 전해져 내려온 구전과 신화에서 탄생한 꽃말도 있다. 물 위에 떠오른 얼굴에 반했다가 그것이 자기 얼굴인 줄 깨닫고 슬픔에 빠져 결국 스스로 죽음을 택했다는 나르키소스 이야기가 있다. 이 신화를 바탕으로 지어진 수선화의 꽃말은 '자아도취', '자기애'다.

'꽃말'이지만, 꽃이 아니라 식물의 특징을 살린 예도 있다. 협죽도는 잎과 줄기에 독이 있어 '조심', '주의', '위험'이 꽃말이다.

꽃이 피는 시기에서 딴 꽃말도 있다. 이른 봄 맨 먼저 꽃을 피우는 납매의 꽃말은 '선도', '선견'이다. 복수초는 이름과 자태에서 따, '영원한 행복', '축복'을 꽃말로 가지고 있다.

꽃말은 자유롭게 붙일 수 있기에 식물 하나에 의미가 다른 꽃말이 여럿 붙은 예도 있다. 수국은 꽃 색이 바뀐다고 해서 '변덕'이라는 꽃말과 '인내심 강한 사랑'이라는 꽃말이 붙었다. '꽃나무의 여왕'으로 소개한(Q015) 만병초의 꽃말은 '위엄', '장엄'이다. 하지만 만병초는 독을 품고 있어 '주의', '위험'이라는 꽃말도 가지고 있다.

대표적 꽃말

나팔꽃	덧없는 사랑
수국	변덕 / 인내심 강한 사랑
도라지	따뜻한 사랑 / 변치 않는 사랑
국화	나를 믿어줘 / 고귀 / 고결
코스모스	소녀의 진심 / 순결
깨꽃	불타는 마음 / 가족애
민들레	꾸밈없음 / 이별

Narcissus

달맞이꽃	말 없는 사랑 / 자유로운 마음
유채	쾌활함
해바라기	당신은 멋져요
석산	슬픈 추억
마가렛트	사랑을 점친다 / 진실한 사랑
라벤더	의혹 / 기대
용담	슬픔에 빠진 당신을 사랑해요

Casablanca

'시의 꽃', '현의 꽃'으로 선정된 식물들

일본의 현에는 현을 상징하는 '현의 꽃'과 '현의 나무'가 있고, 시에는 '시의 꽃'과 '시의 나무'가 있죠. 그렇다면 '현의 꽃'에는 무엇이 있나요?

'매화'처럼 식물 공식 명칭에 '~ 꽃(화)'이라는 의미를 더해 'ㅇㅇ 꽃'이라고 하거나 '꽃나무'를 지정한 예가 많다. 이번 장에서는 '시의 꽃'과 '현의 꽃'을 소개한다.

'시의 꽃'			
오사카	벚꽃 / 삼색제비꽃	후쿠오카	부용(여름 꽃) 애기동백나무 (겨울 꽃)
나고야	나리	히로시마	협죽도
교토	동백나무 철쭉 사토 벚나무	센다이	싸리
요코하마	장미	지바	오가 연꽃
고베	수국	사이타마	앵초
기타큐슈	철쭉 해바라기	시즈오카	접시꽃
		사카이	꽃창포
삿포로	은방울꽃	니가타	튤립
		하마마쓰	귤나무
가와사키	철쭉	오카야마	국화

'도 / 도 / 부 / 현의 꽃'

홋카이도	해당화		미에	꽃창포
아오모리	사과나무		시가	만병초
이와테	참오동나무		교토	수양올벚나무
미야기	풀싸리		오사카	매실나무 / 앵초
아키타	머윗대		효고	백야국
야마가타	잇꽃		나라	나라 겹벚나무
후쿠시마	네모토 만병초		와카야마	매실나무
이바라키	장미		돗토리	니짓세이키배나무
도치기	야시오 철쭉		시마네	모란
군마	렌게 철쭉		오카야마	복사나무
사이타마	앵초		히로시마	단풍나무
지바	유채		야마구치	여름 귤나무
도쿄	왕벚나무		도쿠시마	영귤꽃
가나가와	산나리		가가와	올리브
니가타	튤립		에히메	귤꽃
도야마	튤립		고치	소귀나무
이시카와	흑패모		후쿠오카	매실나무
후쿠이	수선화		사가	녹나무
야마나시	후지 벚나무		나가사키	운젠 철쭉
나가노	용담		구마모토	용담
기후	자운영		오이타	풍후매
시즈오카	철쭉		미야자키	문주란
아이치	제비붓꽃		가고시마	구주철쭉
			오키나와	에리트리나

3장

꽃을 피운 식물에 남은 과업

꽃을 피운 식물에 남은 과업

일이 번성하거나 무르익었을 때 '꽃을 피웠다.'라는 표현을 쓰죠. 그런데 식물은 '꽃을 피운' 뒤 남은 과업을 맞이한다고 들었어요. '과업'이란 무엇인가요?

자손, 즉 씨앗을 만드는 과업이다. 대개 꽃은 가운데에 '암술'이 있고 암술 주변에 '수술'이 있다. 또 이들을 둘러싼 '꽃잎'이 있고 꽃잎 아래를 받치는 '꽃받침'이 있다. 이것이 꽃을 이루는 짜임새다.

보통 식물은 꽃 안에 암술과 수술이 모두 있다. 꽃가루가 암술에 묻으면 씨앗이 생긴다는 사실은 잘 알려졌다. '수술 끝에 생기는 꽃가루가 같은 꽃 안에 있는 암술에 묻으면 씨앗이 생기는데, 굳이 과업이라고 표현할 필요가 있을까?'라고 생각하기 쉽다.

하지만 웬만한 식물은 꽃가루를 같은 꽃 안에 있는 자기 암술에 묻혀 씨앗(자손)을 만들고 싶어 하지 않는다. 그렇게 씨앗을 만들더라도 자신과 똑같은 성질을 지닌 자식만 생기기 때문이다.

부모가 어느 병에 취약한 성질을 가지면 자식도 그 병에 취약한 성질을 갖는다. 그 병이 유행하기라도 하면 온 가족이 전멸하고 만다. 따라서 꽃가루를 자기 암술에 묻혀 씨앗을 만들고 싶어 하지 않는다.

꽃 안에 암술과 수술이 모두 있는 식물도 꽃가루를 다른 그루의 암술에 묻히고, 암술에는 다른 그루의 꽃가루를 묻히고 싶어 한다. 즉, 식물은 씨앗을 만들 때 가능한 한 자기 꽃가루를 자기 암술에 묻히지 않으려 노력한다.

꽃 짜임새

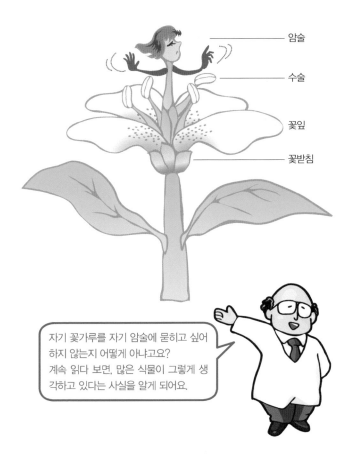

암술

수술

꽃잎

꽃받침

자기 꽃가루를 자기 암술에 묻히고 싶어 하지 않는지 어떻게 아냐고요? 계속 읽다 보면, 많은 식물이 그렇게 생각하고 있다는 사실을 알게 되어요.

'수분'과 '수정'은 어떻게 다른가?

'수분'과 '수정'은 의미가 비슷한 단어 같은데, 어떤 차이가 있나요?

'수분(꽃가루받이)'은 2009년 1월에 개정된 『広辞苑第六版고지엔 제6판』 일본어 사전에 '암술머리에 수술 꽃가루가 들러붙는 일'이라고 적혀 있다. 내가 고등학생 때부터 즐겨 쓰는 산세이도 출판의 『生物小事典생물소사전』에는 '암술머리에 꽃가루가 붙는 일'이라고 기술되어 있다. 예나 지금이나 수분은 '암술머리에 수술 꽃가루가 붙는 일'을 말한다.

꽃가루를 같은 개체에 있는 꽃의 암술머리에 붙이는 현상을 '자가 수분(제꽃가루받이)', 이에 반해 꽃가루를 다른 개체에 있는 꽃의 암술머리에 붙이는 현상을 '타가 수분(딴꽃가루받이)'이라고 한다.

식물은 꽃가루를 암술에 붙이고자 바람, 곤충, 새, 흐르는 물에 꽃가루 이동을 맡긴다. 이를 풍매화, 충매화, 조매화, 수매화라고 한다.

'수정(정받이)'은 '수분'이 일어난 다음, 수컷과 암컷이 성세포를 합치는 일을 말한다. 다시 말하면 웬만한 식물에서 꽃가루 안에 있는 정세포가 암술에 있는 난세포와 결합하는 일이다.

'자가 수분'을 해 수정에 성공하면 '자가 수정(제꽃정받이)', '타가 수분'을 해 수정에 성공하면 '타가 수정(딴꽃정받이)'이라고 한다.

결국 수분만으로 씨앗은 생기지 않는다. 수분 후 수정이 성공해야 비로소 씨앗이 생긴다.

풍매화 · 충매화 · 수매화 · 조매화

풍매화	수분을 바람에 맡기는 식물 소나무, 삼나무, 벼, 옥수수, 억새, 질경이
충매화	수분을 벌이나 나비, 박각시 등 곤충에게 맡기는 식물 벚나무, 나리, 호박, 수박, 유채
수매화	수분을 흐르는 물에 맡기는 식물 검정말, 나사말, 바다창포
조매화	수분을 동박새, 직박구리, 벌새 등 새에게 맡기는 식물 동백나무, 비파나무, 애기동백나무

〈촬영: 히라타 레오(平田礼生)〉

오이나 호박이 수분에서 수정까지 하는 데 걸리는 시간은 몇 시간 안 걸려요. 이에 반해 꽃가루관에서 난세포 속으로 내보내진 정자나 정세포가 난핵과 융합할 때까지 소철은 2~3개월, 은행나무는 약 5개월, 소나무는 약 1년이 걸린다고 해요.

식물이 꽃가루를 만드는 목적은?

꽃가루는 사람에게 꽃가루 알레르기를 일으키는 해로운 물질이죠. 그런데 왜 식물은 그런 물질을 만들까요?

사람을 괴롭히려는 의도는 아니고 자손(씨앗)을 만들려고 꽃가루를 만든다. 앞서 '꽃가루를 암술에 붙이면 씨앗이 생긴다.'라고 언급했는데 Q040에서 소개한 대로 식물은 자기 꽃가루를 자기 암술에 붙이기를 원하지 않는다.

식물이 꽃가루를 만드는 목적은 자신과 다른 그루의 암술에 꽃가루를 붙이고자 함이다. 또 암술은 다른 그루의 꽃가루를 받고 싶어 한다. 그러려면 꽃가루가 다른 그루의 꽃으로 옮겨 가야 한다.

대개 식물은 꽃가루를 옮기는 역할을 바람이나 곤충에게 맡긴다. 하지만 어느 쪽으로 불지 모르는 바람이나 어디로 날아갈지 모르는 곤충에게 자손(씨앗)을 남기는 중요한 과업을 맡겨도 괜찮을까? 식물도 불안하기는 마찬가지다. 그래서 식물은 불안을 없애려고 다양한 노력을 한다.

가장 확실한 방법은 꽃가루를 넉넉히 만드는 것이다. 삼나무는 주변 공기가 뿌예질 만큼 꽃가루를 많이 만들어 바람결에 실어 날린다. 어디로 날아가도 상관없을 정도로 말이다. 좀 더 정확히 말하자면 수분 확률을 높이려는 행동이다.

그래서 공기 중에 수많은 꽃가루가 떠다닌다. 이것이 꽃가루 알레르기를 일으키는 원인이다. 원인이라는 신사적인 표현을 사용했지만, 나도 오랜 세월 꽃가루 알레르기로 고생하고 있는 사람으로 서 솔직히 표현하면 '원인'이 아니라 '원흉'이다. '원흉'이라는 표현 에 동의하는 분이 꽤 많지 않을까.

하지만 건강한 자손을 남기고자 하는 식물의 노력이니까 너그 럽게 봐주자. '만약 꽃가루가 없다면 식물 세상은 어떻게 되었을 까?(Q051 참고)'라고 생각해 보면 사람에게도 꽃가루는 소중한 존 재임을 깨닫게 된다.

꽃가루를 퍼뜨리는 삼나무

종족을 보존하고자 어디로 날아갈지 모르는 바람에 막중한 임무를 맡기는 삼나무. 바람이 어디로 불어 도 상관없을 정도로, 주변 공기가 뿌예질 만큼 수많 은 꽃가루를 뿜어내죠. 삼나무는 유난히 걱정이 많 은가 봐요.

식물의 마음이 담긴 꽃가루란?

꽃을 보면 꽃가루가 수술머리 끝에 있다는 사실은 알겠는데, 꽃가루 한 개의 크기와 형태는 잘 모르겠어요. 크기는 얼마만 하고 모양은 어떠한가요?

꽃가루 크기는 식물 종류에 따라 다르지만, 길이가 20~100μm(마이크로미터)인 꽃가루가 대부분이다. 1μm는 1mm(밀리미터)의 1,000분의 1이므로 100μm라면 0.1mm다.

소나무, 호박, 분꽃 등 비교적 큰 꽃가루는 150~200μm다. 나팔꽃이나 나리가 만드는 꽃가루도 100μm 정도다. 이처럼 큰 꽃가루는 현미경으로 수월하게 관찰할 수 있다. 한편 미모사처럼 작은 꽃가루는 10μm도 채 되지 않는다.

꽃가루 형태도 식물 종류에 따라 각양각색이다. 둥근 공 혹은 럭비공같이 생기거나, 달걀꼴 혹은 세모꼴로 생긴 꽃가루도 있다.

겉면 모양도 식물 종류에 따라 다르다. 가시처럼 여러 군데 돌기가 난 꽃가루, 다면체 모양을 띤 꽃가루, 작은 알갱이들이 죽 벌여 있는 꽃가루도 있다.

해바라기나 코스모스가 만든 꽃가루는 둥근 공 모양으로 겉면에는 가시가 많다. 무궁화나 부용이 만든 꽃가루도 공 모양으로 가시가 잔뜩 돋았다. 나리나 벚나무가 만든 꽃가루는 긴둥근꼴이다. 무가 만든 꽃가루는 겉면이 구멍 난 럭비공처럼 생겼다. 나팔꽃 꽃가루는 공 모양으로 다면체 같은 모양을 띠며 겉면에 돌기가 있다. 자운영 꽃가루는 겉면이 달 분화구처럼 생겼다.

사람을 힘들게 하는 삼나무 꽃가루는 공 모양으로 갈고리 모양을 띤 돌기가 쑥 내밀고 있다. 크기는 $30\mu m$ 정도다. 바람이 얼마나 부느냐에 따라 수 km(킬로미터)에서 $200km$를 날아간다고 한다.

다양한 식물의 꽃가루

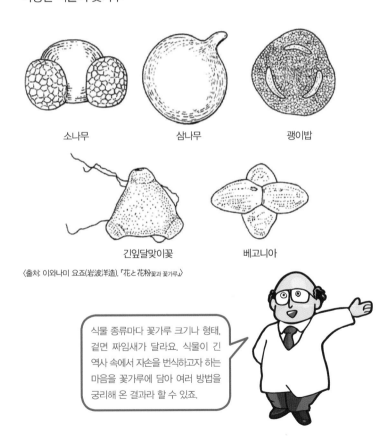

소나무   삼나무   괭이밥

긴잎달맞이꽃   베고니아

〈출처: 이와나미 요죠(岩波洋造), 『花と花粉꽃과 꽃가루』

식물 종류마다 꽃가루 크기나 형태, 겉면 짜임새가 달라요. 식물이 긴 역사 속에서 자손을 번식하고자 하는 마음을 꽃가루에 담아 여러 방법을 궁리해 온 결과라 할 수 있죠.

씨앗은 왜 암술머리에 생기지 않을까?

'꽃가루가 암술머리에 붙으면 씨앗이 생긴다.'라고 들었어요. 그런데 씨앗은 암술머리에 생기지 않고 암술 기부(바탕 부분)에 생기더라고요. 꽃가루는 암술머리에 붙는데 왜 씨앗은 암술 기부에 생기나요?

식물도 동물처럼 암술이 지닌 난세포와 꽃가루에 든 수컷 배우자(동물은 정자)를 합해 자손(씨앗)을 얻는다.

난세포는 암술머리가 아니라 암술 기부에 있다. 따라서 꽃가루에 든 수컷 배우자가 암술머리에 붙고 난세포와 합하려면 우선 암술 기부까지 무사히 다다라야 한다.

동물 정자는 편모가 달려 스스로 헤엄쳐 난자에 다다를 수 있다. 하지만 거의 모든 식물의 꽃가루에 든 '정세포'는 스스로 헤엄쳐 난세포에 다다를 능력이 없다.

이런 이유로 꽃가루가 암술머리에 붙어도 씨앗을 만들려면 정세포가 난세포 있는 곳까지 다다를 방법을 찾아야 한다. 정세포를 난세포까지 이끌어 줄 장치가 필요하다.

그래서 꽃가루가 암술머리에 붙으면 꽃가루는 '꽃가루관'이라는 관을 내려뜨린다. 꽃가루관을 암술 기부에 있는 난세포 바로 옆으로 내려뜨리고 정세포를 옮겨 난세포에 다다르게 한다. 비로소 겨우 정세포와 난세포가 합친다. 그렇게 씨앗은 암술 기부에 생긴다.

결국 정세포가 난세포와 합치려면 꽃가루에서 꽃가루관을 내려뜨려야 한다. 꽃가루가 암술머리에 붙어도 꽃가루관을 내려뜨리지 못하면 씨앗은 생기지 않는다.

꽃가루에서 내려뜨린 꽃가루관

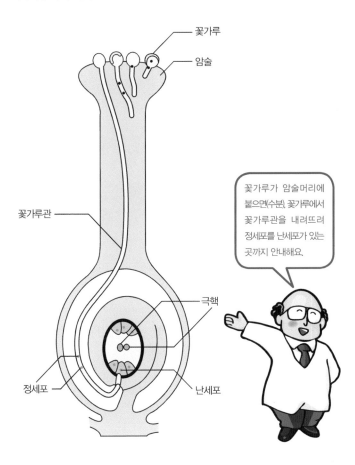

꽃가루

암술

꽃가루관

극핵

정세포

난세포

꽃가루가 암술머리에 붙으면(수분), 꽃가루에서 꽃가루관을 내려뜨려 정세포를 난세포가 있는 곳까지 안내해요.

자가 수정을 원하지 않는 식물들의 노력 ①

Q040에서 '대부분 식물은 씨앗을 만들 때 가능한 한 자기 꽃가루를 자기 암술에 묻히지 않으려 한다.'라고 했는데요. 이를 위해 식물은 어떤 노력을 했고 어떤 방법을 체득했나요?

많은 식물은 수술과 암술 길이를 달리해, 수술이 만든 꽃가루가 같은 꽃에 있는 암술에 붙지 않게 한다. 꽃을 관찰해 보자. 대개 암술이 수술보다 길거나 높게 뻗어 있다. 만약 반대라면 수술에 있는 꽃가루가 떨어져 암술에 붙는다.

또 수술과 암술은 꽃 속에서 서로 등을 돌리고 있다. 꽃을 가정에 비유하면 '가정 내 별거' 상태로 수술과 암술이 서로 접촉을 피한다.

다른 장치도 있다. 목련이 꽃을 피웠을 때 암술은 이미 잘 자란 상태다. 하지만 수술은 아직 잘 자라지 않아 꽃가루를 내놓지 못한다. 암술이 시들어야 비로소 수술이 꽃가루를 내놓는다. 암술이 수술보다 먼저 성숙한다고 해서 이를 '암술선숙'이라 부른다. 목련, 태산목, 질경이, 깨꽃 등이 이런 유형의 식물이다.

꽃이 막 피어난 도라지는 수술과 암술이 모습과 형태를 뚜렷이 띠지 않는다. 시간이 지나면 수술이 드러나고 노란색 꽃가루가 아주 많이 만들어진다. 그리고 노란색 꽃가루가 없어질 때쯤 암술이 나온다. 수술이 암술보다 먼저 성숙한다고 해서 '수술선숙'이라 부른다. 봉선화나 옥수수가 이런 유형의 식물이다.

'암술선숙', '수술선숙'은 수술과 암술이 성숙하는 시기를 어긋나게 해 서로 접촉을 피하는 방식이다. 사람이라면 '틀어진 부부 사이' 같다고 할까.

'수술선숙' 도라지

막 피어난 꽃

노란색 꽃가루가 생긴 꽃

암술이 성숙한 꽃

자가 수정을 원하지 않는 식물들의 노력 ②

'자가 불화합성'이라는 단어를 들은 적이 있는데, 무슨 뜻인가요?

수술과 암술이 서로 등을 돌리고 떨어져 있거나, '암술선숙', '수술선숙'처럼 수술과 암술이 성숙하는 시기가 어긋난 이유는 수술 꽃가루가 같은 꽃 속에 있는 암술머리에 붙지 않으려 하기 때문이다. 가정 내 별거 상태와 같다고 비유했다.

'자기 꽃가루가 자기 암술머리에 붙더라도 씨앗(자손)을 남기고 싶어 하지 않는' 식물이 있다. 특정 품종의 돌배나무나 사과나무 같은 과수, 또는 배추과 식물이다. 이들은 자기 꽃가루가 자기 암술머리에 붙어도 씨앗(자손)을 만들지 않는다. 이처럼 자기 꽃가루가 자기 암술머리에 붙어도 씨앗(자손)을 만들지 않는 성질을 '자가 불화합성'이라고 한다.

그 원리를 이해하고자 Q044의 내용을 떠올려 보자. 씨앗을 만들려면 꽃가루가 암술머리에 붙은 다음 꽃가루관을 내려뜨려야 한다. 하지만 특정 품종의 돌배나무나 사과나무 같은 과수, 또는 배추과 식물은 자기 꽃가루가 자기 암술머리에 붙더라도 꽃가루관을 내려뜨리지 않는다. 수정도 되지 않고 씨앗도 생기지 않는다. 씨앗이 생기지 않으니 열매도 열리지 않는다. 그래서 나무를 키워도 열매가 열리지 않는 돌배나무나 사과나무가 있다.

이런 식물은 자기 암술머리에 자기 꽃가루가 붙었는지, 다른 그루가 만든 꽃가루가 붙었는지 명확히 식별하는 능력을 갖추고 있다.

과수원의 정례 봄 행사 '인공 수분'

〈제공: 돗토리 20세기 배 기념관〉

'자기 꽃가루가 자기 암술머리에 붙어도 씨앗(자손)을 만들고 싶어 하지 않는' 돌배나무나 사과나무에는 다른 품종의 꽃가루를 붙여야 해요. 그래서 사람이 벌이나 나비를 대신해 인공 수분을 하죠.

'수술 없는 꽃'과 '암술 없는 꽃'이 함께 사는 식물들

한 그루에 '암술 없는 꽃'인 수꽃과 '수술 없는 꽃'인 암꽃을 함께 피우는 식물이 있다고 들었는데, 사실인가요?

한 그루에 '수술 없이 암술만 있는 암꽃'과 '암술 없이 수술만 있는 수꽃'을 피우는 식물이 있다. 그리 희귀한 일도 아니다. 한 그루에 수꽃과 암꽃이 생기는 현상을 '암수한그루(자웅 동주)'라 한다.

오이나 여주를 기르는 밭이나 베란다 텃밭이 있으면 거기에 핀 꽃을 살펴보자. 농촌에 갈 기회가 있다면 수박이나 호박을 봐도 좋다. 이런 식물에서는 두 가지 꽃을 볼 수 있다.

일본 초등학교 과학 교과서에는 여주나 호박이 가진 '수술 없는 암꽃'과 '암술 없는 수꽃' 그림이 실려 있다. 그래서 암꽃과 수꽃이 있다는 사실은 알고 있는 사람이 많다.

하지만 두 꽃을 직접 본 사람은 적다. 아이뿐 아니라 어른도 실제 꽃을 보며 '이것은 수꽃, 이것은 암꽃'이라고 맞혀 보자. 그 재미가 제법 쏠쏠하다.

암술만 있는 암꽃 밑에는 열매가 달렸고, 수술만 있는 수꽃 밑에는 열매가 달리지 않아 쉽게 구별할 수 있다. 예를 들어 오이 암꽃 밑에는 오이 열매가 달렸다.

오이, 여주, 수박, 호박을 관찰할 기회가 없다면 베고니아라는 식물을 관찰해 보자. 베고니아는 꽃집이나 원예장에서 살 수 있고 정원 가꾸기에도 많이 사용된다. 꽃을 많이 피우는데, 한 그루에 수꽃과 암꽃이 따로 핀다.

베고니아 암꽃과 수꽃

암꽃 밑에는 날개 세 장처럼 생긴 씨방이 있다.

〈촬영: 나카에 료(中江凉)〉

처음 암꽃과 수꽃을 구분했을 때 저도 엄청 뿌듯했어요!

꽃이 핀다고 반드시 열매가 열리지는 않는 은행나무

은행나무에는 은행이 열리는 나무와 안 열리는 나무가 있잖아요. 그런데 은행나무가 피운 꽃은 본 적이 없어요. 꽃이 피는 은행나무에는 은행이 열리고, 꽃이 피지 않는 은행나무에는 은행이 열리지 않나요?

언뜻 보면 논리적인 설명 같지만 그렇지 않다. '꽃이 피지 않으면 은행이 열리지 않는다.'라는 말은 맞지만, 은행을 맺지 않는 은행나무도 꽃을 피운다.

은행나무는 동물처럼 암수 개체가 나뉘어 있다. 식물에는 암수 구분이 없을 것 같지만 식물에도 암수 개체가 있다.

식물은 수컷이나 암컷이라는 말을 쓰지 않고 수컷은 수그루, 암컷은 암그루라 한다. 수그루는 '암술 없는 수꽃'을 피우고, 암그루는 '수술 없는 암꽃'을 피운다. 이처럼 수꽃과 암꽃이 피는 나무가 따로따로 있을 때 '암수딴그루(자웅 이주)'라고 부른다.

은행나무 꽃은 아름다운 빛깔이나 좋은 향기를 뿜내지 않아 눈에 띄지 않지만, 봄에 잎이 나올 때쯤 핀다. 수그루 수꽃에서 만든 꽃가루가 암그루 암꽃에 수분해 수정하면 암그루에 씨앗이 만들어져 열매가 열린다. 바로 은행이다. 물론 수꽃만 피우는 수그루에는 은행이 열리지 않는다.

따라서 은행이 열리지 않는 나무는 꽃이 피지 않는 나무가 아니라, 수꽃을 피워 은행이 열리는 나무에 꽃가루를 제공하는 수그루다.

은행나무 암꽃과 수꽃

● 수꽃

● 암꽃

● 확대한 암꽃

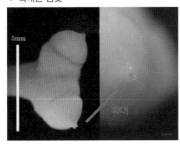

〈제공: 나라교육대학
인터넷 식물도감〉

'은행나무는 꽃을 피우지 않는데 열매를 맺는다.'라는 말을 들은 적이 있어요. 하지만 꽃이 피지 않으면 열매는 열리지 않겠죠. 잎이 나오면서 동시에(4~5월) 은행나무 꽃이 피어요.

왜 암수 개체가 나뉘어 있을까?

수그루와 암그루가 나뉘어 있으면 '한쪽에만 씨앗과 열매가 생기거나', '수그루 꽃가루와 암그루 암술이 만나야 씨앗과 열매가 생기는' 것처럼 여러 가지로 불편하다고 들었어요. 꽃 하나에 수술과 암술이 있으면 그런 불편이 없을 텐데, 왜 그런 불편을 감수하는 식물이 있을까요?

많은 식물은 꽃에 수술과 암술 모두를 가지고 있다. 하지만 Q040에서 소개했듯 이런 식물도 자기 꽃가루를 같은 꽃에 있는 암술에 묻혀 씨앗을 만들고 싶어 하지는 않는다. 씨앗을 만들어도 자신과 같은 성질을 띤 자식만 나올 뿐이어서 그렇다.

또한 숨겨진 나쁜 성질이 겉으로 드러날지도 모른다. 그래서 많은 식물은 자기 꽃가루를 자기 암술에 묻혀 씨앗을 만들고 싶어 하지 않는다.

생물이 생식에 필요한 행동을 하는 이유는 개체수를 늘리는 것뿐 아니라, 다양한 성질을 가진 개체(자손)를 만들고자 함이다. 다양한 성질을 가진 개체가 있으면 갖가지 환경 속에서 특정 개체는 살아남고 그 생물종은 존속한다.

암수로 성을 나누고 각각의 배우자가 합체해 개체(자손)를 만드는 생식이 여러 성질을 가진 자손을 만드는 방법이다. 이를 '유성 생식'이라 한다. 배우자가 합체해 수컷 개체가 가진 성질과 암컷 개체가 가진 성질이 융합하므로 다양한 성질을 가진 개체가 생겨난다.

수그루와 암그루로 나뉜 암수딴그루 식물은 수그루 꽃가루를 암그루 암술에 붙여 씨앗(자손)을 만든다. 따라서 수그루 개체가 가진 성질과 암그루 개체가 가진 성질이 융합해 다양한 성질을 띤 개체가 생겨난다.

암수한그루 식물은 같은 그루에서 꽃가루가 붙는 일도 있지만, 다른 그루가 만든 꽃가루가 붙어 자손을 만들 가능성이 높다. 그래서 다양한 성질을 가진 자손이 생긴다.

'암수딴그루나 암수한그루 식물은 유성 생식하는 이유를 정확히 파악했다.'라고 할 수 있다.

암수딴그루

암수딴그루 수목	은행나무, 키위, 초피나무, 소철, 금목서 등
암수딴그루 채소	아스파라거스, 시금치, 머위 등
암수딴그루 잡초	수영, 참소리쟁이 등

암수한그루 '여주'

● 수꽃

● 암꽃

왼쪽이 수꽃이고 오른쪽이 암꽃이다. 꽃이 필 때 보면, 암꽃 밑에 여주 열매가 매달려 있다.

〈촬영: 다지 코지로 (丹治弘次郎)〉

일본인이 찾아낸 대단한 사실이란?

19세기 후반, 일본인이 은행나무 수정을 둘러싸고 중요한 사실을 찾아냈다고 들었어요. 무엇을 발견했나요?

'은행나무는 양치식물에서 진화했다.' 여기서 중요한 사실이란 바로 이끼 식물이나 양치식물처럼 은행나무 꽃가루에서도 정자를 발견한 일이다.

이끼 식물이나 양치식물은 정자를 만든다. 한편 소나무나 삼나무 등 많은 겉씨식물은 정자를 만들지 않고 '정세포'를 만든다. Q044 에서 소개한 대로 정자는 편모를 가지고 있어 운동 능력이 있지만 정세포는 운동 능력이 없다.

은행나무나 소철은 소나무나 삼나무 같은 겉씨식물이다. 따라서 '은행나무나 소철은 정자가 아닌 정세포를 만든다.'라고 알고 있었다.

그런데 1896년 히라세 사쿠고로(平瀨作伍郎)가 '은행나무 꽃가루관 속에 정세포가 아니라 운동 능력을 가진 정자가 있다.'라는 사실을 발견했다. 같은 해 이케노 세이치로(池野成一郎)도 '소철에 정자가 있다.'라는 사실을 발견했다.

이러한 발견으로 '은행나무나 소철 등 겉씨식물은 정자를 만드는 양치식물에서 진화했다.'라는 사실이 명확해졌다.

은행나무의 수정

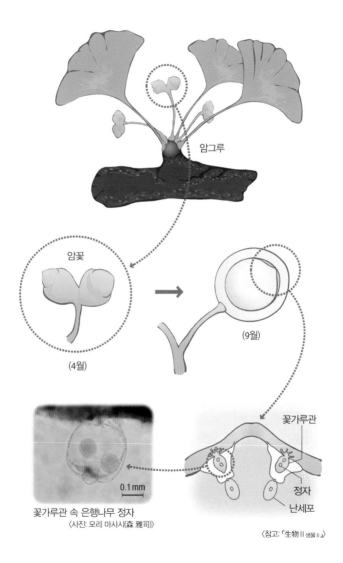

암그루

암꽃

(4월)

(9월)

꽃가루관

정자

난세포

0.1 mm

꽃가루관 속 은행나무 정자
〈사진: 모리 마사시(森 雅司)〉

〈참고: 『生物Ⅱ 생물Ⅱ』〉

만약 꽃가루를 만들지 않았다면?

만약 식물들이 진화하는 도중에 꽃가루를 만들지 않았다면 우리 주변에
있는 식물 세계는 어떻게 되었을까요?

사람을 포함한 동물은 지금처럼 번영하지 못했을지도 모른다. 아
마도 식물은 이끼 식물이나 양치식물만 남아 있고, 꽃은 피지 않으
며, 물가나 축축한 땅에서만 녹색을 볼 수 있지 않았을까.

약 4억 년 전 식물은 바다에서 육지로 올라왔다. 하지만 그 후로
수억 년 동안은 꽃을 피우지 못하는 이끼 식물이나 양치식물만 있
었고, 식물은 물이 풍부한 곳이나 습지에서만 살았다.

이끼 식물이나 양치식물은 정자를 만드는 장정기부터 난세포를
만드는 장란기까지 정자가 헤엄쳐 난세포에 도달해야 하는 유성 생
식을 해야 했기에 축축한 곳이나 물가를 떠나 살 수 없었다.

마침내 꽃을 피우는 소철, 은행나무, 소나무, 삼나무 같은 겉씨식
물이 출현하고 처음으로 꽃가루를 만들었다. 꽃가루는 꽃가루관을
내려뜨려 수배우자를 난세포가 있는 밑씨로 안내한다.

그렇게 꽃가루를 만들기 시작한 식물들은 생식하는 데 더 이상
많은 물이 필요 없게 되어 물이 부족한 땅이나 마른 땅에서도 살 수
있게 되었다.

덕분에 육지에 식물이 점점 늘어났고 식물은 널리 퍼져 나갔다.
곧이어 예쁜 꽃을 피우는 식물들(속씨식물)이 태어났다.

만약 소철, 은행나무, 소나무, 삼나무 같은 겉씨식물이 꽃가루

를 만들지 않았다면 여러 색깔로 꽃을 피우는 식물은 나오지 않았을지도 모른다. 또 지구 곳곳에 이렇게 다양한 식물이 있지 않았으리라.

우리는 예쁜 꽃을 피우는 식물, 채소나 과일, 쌀과 보리 등 꽃가루를 만드는 많은 식물에게서 늘 도움을 받고 있다.

생물 진화

165만 년 전	신생대	제4기	(인류 출현과 번영)	속씨식물 시대
6,500만 년 전		제3기	속씨식물 번영	
1.35억 년 전	중생대	백악기	속씨식물 출현	겉씨식물 시대
2.02억 년 전		쥐라기		
2.45억 년 전		트라이아스기	겉씨식물 번영	
2.95억 년 전	고생대	페름기(이첩기)	양치식물 쇠퇴	양치식물 시대
3.6억 년 전		석탄기	거대 양치식물 번영(거대 삼림)	
4.1억 년 전		데본기	겉씨식물 출현	
4.35억 년 전		실루리아기	양치식물 출현	
5억 년 전		오르도비스기		조류 시대
5.4억 년 전		캄브리아기		
46억 년 전	선캄브리아대			
	지구 탄생			

이끼 식물에서 양치식물이 진화했다고 하지만, 이끼 식물이 양치식물에서 진화했다는 견해도 있어 이 표에서 이끼 식물은 제외했다.

왜 수술은 암술보다 수가 많을까?

꽃에는 수술과 암술이 있는데, 보통 수술 개수가 더 많죠. 그 이유는 무엇
인가요?

대개 꽃에는 암술은 하나 있는데 수술은 여러 개가 있다. 꽃가루
는 수술에서 만들어진다. 즉, 수술이 많은 이유는 꽃가루를 아주 많
이 만들어야 하기 때문이다.

어디로 불지 모르는 바람에 꽃가루를 맡기는 삼나무는 어디로
날아가더라도 상관없을 만큼 잔뜩 꽃가루를 만든다(Q042 참고).
곤충에게 꽃가루를 맡기는 식물도 불안하기는 마찬가지다. 불안
을 줄이려면 꽃가루를 아주 많이 만들어야 한다. 그래서 수술이
많다.

왕벚나무는 수술이 30개쯤 있다. 같은 벚나무속 친구인 매실나무
나 복사나무도 수술을 30개쯤 지녔다. 동백나무의 어떤 품종은 수
술이 100개가 넘는다. 망종화나 히페리쿰 모노기눔은 수술로 가득
하다. 세어 보니 256개였다. 수술을 엄청나게 만들어 꽃가루를 어마
어마하게 만들어 낸다.

수술 개수가 비교적 적은 나리나 유채도 6개, 도라지나 영산홍도
5개다.

한편 신기하게도 큰개불알풀은 수술이 단 2개다. 이 식물은 이른
봄에 쪽빛을 띠며 지름이 약 1cm인 꽃을 잔뜩 피운다. 아침에 꽃이
피는데 하루살이 꽃으로 저녁이면 시든다. 수술 개수는 적고 꽃이

피는 시간이 짧아 씨앗 만들기에 고생하는 식물처럼 보이지만, 씨앗을 많이 만들어 낸다. 그 비결은 Q054에서 소개한다.

수술이 가득한 망종화와 히페리쿰 모노기눔

망종화

히페리쿰
모노기눔

망종화나 히페리쿰 모노기눔은 수술이 많은 식물이다. 우리 주변에서도 쉽게 볼 수 있으니, 발견하면 수술을 세어 보기를 추천한다.

곤충에게 꽃가루를 맡기려고
식물이 들이는 노력

식물은 자손을 번식하려고 곤충에게 꽃가루를 옮기는 중요한 과업을 맡긴다죠. 그래서 곤충을 유인해야 하고요. 그렇다면 곤충을 유인하고자 식물은 어떤 노력을 하나요?

식물은 나비나 벌 같은 곤충에게 꽃가루를 맡기려고 아름답고 화려한 색으로 꽃을 장식한다. 좋은 향기를 내뿜으며 달콤한 꿀도 준비한다.

봄에 꽃밭을 보면 여러 종류의 식물이 동시에 꽃을 피운다. '식물끼리는 사이가 좋구나!'라고 감탄할지 모르지만, 사이가 좋을 리 없다. 식물은 자기에게 곤충이 오지 않으면 자손을 남길 수 없다.

봄철 꽃밭은 식물들이 '자손을 기필코 만들겠다.'라는 각오로 종의 존속을 걸고 곤충을 유혹한다. 즉, 생존을 놓고 다른 식물과 경쟁하며 자기 매력을 뽐내는 치열한 현장이다.

식물들은 각자 자기만 가진 색과 향기, 꿀이 있다. 식물마다 색과 향기가 다르다는 점은 단박에 알 수 있다. 하지만 꿀은 맛을 봐야 안다. '꿀맛은 꽃마다 다르나요?'라는 질문을 받으면 모든 꽃이 만드는 꿀을 다 맛보지는 못해서 '그렇다.'라고 대답하기가 곤란하다. 하지만 '그럴걸요.'라고 대답하면 얼추 맞는다.

근거는 벌꿀의 맛이다. 벌꿀에는 자운영, 아카시아, 토끼풀, 유채, 오렌지, 귤, 메밀, 황로, 밤나무, 동청목 등 여러 가지 맛이 있다. 벌꿀 맛이 꽃이 내는 꿀맛 자체는 아니겠지만, 재료에 따라 벌꿀마다 맛이 다르다는 점은 꿀맛이 꽃마다 다르다는 사실을 반영한다.

곤충을 유혹하는 꽃

꽃들은 곤충을 유혹하려고 아름다운 색, 좋은 향기, 달콤한 꿀을 준비한다.

만약 곤충이 찾아오지 않으면?

대부분 꽃의 암술은 다른 그루가 피운 꽃에서 꽃가루가 오기를 기다린다
고 하지요. 그런데 꽃가루가 옮겨 오지 않을 때는 어떻게 하나요?

닭의장풀을 예로 들어 소개한다. 새파란 색을 띤 큰 꽃잎 두 장과
하얀색 꽃잎 한 장을 가졌다. 아침에 꽃을 피우고 저녁에는 꽃잎을
닫는다. 낮에만 꽃을 피워서 영어 이름이 '데이 플라워(dayflower)'
다. 아침에 꽃을 피웠을 때 보면, 가운데에 있는 긴 암술과 옆에 있
는 조금 짧은 두 수술은 서로 관심 없는 듯 떨어져 있다.

수술과 암술이 상대를 무시하지는 않는다. 다른 그루가 만든 꽃
가루가 암술에 붙게 하려고 서로 떨어져 있을 뿐이다. 곤충이 오면,
꽃가루는 곤충에 붙어 옮겨 간다.

하지만 저녁이 되면 꽃은 꽃잎을 닫아 버리기 때문에, 해가 질 무
렵 수술과 암술이 끝부터 둥글게 말리면서 서로를 휘감는다. 같은
꽃 속에서 수분도 하고 수정도 한다. 이때까지 암술에 다른 그루가
만든 꽃가루가 붙지 않으면, 이렇게라도 씨앗을 만들 수 있다.

'그러면 자신과 같은 성질을 가진 자손(씨앗)만 생길 텐데.'라
는 우려가 생긴다. 하지만 닭의장풀은 '자손이 안 생기는 일보다
는 낫다.'라고 판단한 듯하다. 그래서 꽃이 피면 어떻게든 씨앗은
생긴다.

꽃이 시들기 전, 같은 꽃 속에 있는 암술과 수술이 자가 수분해서
씨앗을 만드는 유형의 꽃은 꽤 있다.

예를 들어 Q052에서 수술을 단 2개만 가졌는데 반드시 씨앗을 만든다고 소개한 큰개불알풀도 마찬가지다.

닭의장풀

● 아침

〈촬영: 히라타 레오 〈平田礼生〉〉

● 저녁

〈촬영: 나카에 료 〈中江涼〉〉

꽃에는 두 개의 긴 수술 말고도 눈에 확 띄는 노란색 꽃밥을 가진 세 개의 짧은 수술이 있다. 꽃가루가 없어 곤충을 유혹하는 역할을 담당하므로 '헛수술'이라 부른다. 또 꽃가루를 아주 조금 가진 갈색 수술이 하나 있다. 이렇게 수술이 총 여섯 개가 있다.

꽃봉오리가 열리지 않아도 씨앗을 만드는 꽃

제비꽃을 키우고 있어요. 꽃봉오리가 생겼기에 곧 꽃이 피기를 기다렸죠. 그런데 꽃봉오리가 열리지 않더라고요. 어느 날 꽃봉오리를 보니, 신기하게도 거기에 씨앗이 잔뜩 달려 있었어요. 이런 일이 가능한가요?

물론 가능하다. 제비꽃에는 피지 않는 꽃봉오리가 있다. 이를 '폐쇄화'라고 부르는데 꽃봉오리인 채 씨앗을 만든다. 꽃봉오리 속에서 자가 수분해서 자가 수정한다.

제비꽃은 보통 봄에 꽃을 피운다. 꿀벌이나 나비 같은 곤충을 끌어당길 만큼 꽃이 참 아름답다. 피운 꽃에는 다른 그루가 만든 꽃가루가 붙어 여러 가지 성질을 가진 씨앗이 만들어진다. 그렇게 곤충에게 맡겨 다른 그루가 피운 꽃과 꽃가루를 주고받으며 건강한 자손을 만든다.

하지만 봄이 지나면 제대로 된 자손(씨앗)을 만들었나 걱정되어서인지 폐쇄화를 만들어 낸다. 폐쇄화는 꽃봉오리 안에서 자기 꽃가루를 자기 암술에 붙이므로 자신과 똑같은 성질을 지닌 자손(씨앗)만 만든다. 곤충에게 의존하지 않고 확실하게 씨앗을 남기는 방법이다.

피어난 꽃에 다른 그루가 만든 꽃가루가 붙지 않아 씨앗이 생기지 않을 때를 대비해 자손을 확실히 남기고자 보험을 드는 꼴이다.

폐쇄화는 곤충을 유인하려는 달콤한 꿀이나 큰 꽃잎, 좋은 향기를 굳이 만들 필요가 없다. 보험에 가입할 때 드는 비용이 별로 비싸지 않아 식물도 밑지는 장사가 아니다.

광대나물이 든 보험 '폐쇄화'

광대나물은 보험에 들기를 취미로 하는 식물이에요. 폐쇄화를 잘 만들거든요. 입술을 쑥 내민 모양을 하고 아름다운 자줏빛을 띠는 꽃을 받침대 위에서 원을 그리듯 피우지요. 별개로 작은 원 모양을 하고 진한 보랏빛을 띠는 꽃도 피워요. 이 꽃은 꽃봉오리 상태에서 아무리 기다려도 꽃을 피우지 않죠. 이게 바로 폐쇄화예요.

완두가 '유전 법칙'을 발견하는 데 이바지할 수 있었던 이유는?

유전 법칙을 발견하는 데 쓰인 식물로 완두를 꼽죠. 완두 꽃은 특별한 성질을 가졌나요?

부모 생김새, 피부색과 눈동자 색 같은 다양한 성질이 자손에게 전해지는 현상을 '유전'이라고 한다. 오스트리아 식물학자 멘델은 이 현상에 법칙이 있다는 사실을 발견했다. 1865년에 발표된 멘델의 유전 법칙은 유전학이 발전하는 계기가 되었다.

멘델이 연구에 사용한 식물은 완두다. 멘델은 겨우 8년 만에 연구를 끝내며 이 중요한 법칙을 발견했다. 연구 재료로 완두를 골랐기에 연구를 빨리 마칠 수 있었다.

완두는 콩의 형태가 둥글거나 주름진 모양이고, 떡잎 색이 노랗거나 연둣빛을 띤다. 이처럼 명확히 대립하는 성질을 지녔다. 따라서 자녀에게 어떤 성질이 어떻게 유전되는지 쉽게 알 수 있다. 이는 유전 연구할 때 중요한 부분이다.

또 다른 핵심은 완두가 한 꽃 속에서 자연스럽게 자가 수분해서 수정하는 점이다. 완두 꽃은 수술과 암술이 꽃잎에 싸여 있다. 그러므로 꽃가루가 같은 꽃에 있는 암술에 붙어 자가 수분하고 수정한다.

자가 수정을 거듭하면서 같은 성질이 한결같이 고르게 생기는 계통(순계)이 생긴다. 즉, 내버려 두면 순계를 얻을 수 있다.

또 완두 꽃은 다른 꽃 꽃가루가 붙어 수정하고 씨앗을 만드는 성

질도 가졌다. 따라서 다른 성질을 가진 계통과 교배해 콩을 만들 수
도 있다.

다만 이때는 꽃가루가 무르익기 전에 수술을 완전히 제거하고,
사람 손으로 암술에 꽃가루를 묻혀야 한다. 그런 다음 종이봉투를
씌워 암술에 다른 꽃가루가 붙지 않게 해야 한다.

완두 꽃

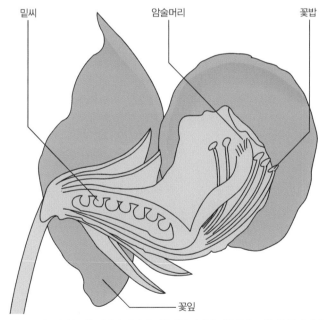

완두는 기르기 쉽고 한 세대가 짧아 유전을 연구하기에 적합하다. 또한 한 꽃 속에서
자연스럽게 자가 수분해 수정하는 성질을 지녀, 유전학이 갑자기 빠르게 발전하는 데
이바지했다.

순계 나팔꽃을 유지하려면?

나팔꽃이 내일 아침에도 어김없이 필 텐데요. 그런데 오늘 저녁에 커다란
꽃봉오리를 끈으로 묶어 꽃봉오리가 열리지 않게 하면 씨앗이 생길까요?

물론 씨앗이 생긴다. 이 방법은 나팔꽃 중에 '바이올렛'이라는 품
종의 순계를 유지하려고 쓰였다. 꽃봉오리가 만들어지는 원리를 밝
혀내고자 바이올렛 품종을 전 세계에서 연구했다. 바이올렛 잎이
딱 한 차례 9시간이 넘는 어둠을 느끼면, 꽃봉오리가 생긴다는 사실
을 일본인이 발견해 화제가 되었다.

성질이 제각각이면 실험에 쓰기가 어렵다. 꽃봉오리를 만드는
데, 어떤 식물은 9시간 반이 넘는 어둠이 필요하고, 또 어떤 식물
은 두 번 이상 어둠이 필요하다면 실험 결과가 들쑥날쑥해지기 때
문이다.

그래서 같은 성질을 가진 순계 식물을 사용해야 한다. 식물이 아
무 조건 없이 연구에 사용되는 것 같지만, 똑같이 처리하면 똑같은
결과를 얻을 수 있도록 똑같은 성질을 가진 식물을 선정하는 예가
많다.

그러면 씨앗은 어떻게 얻을 수 있을까? 순계인 나팔꽃 씨앗을 얻
기는 상당히 힘들다. 그냥 내버려 두면 다른 그루가 만든 꽃가루가
붙어 잡종이 된다. 씨앗 성질이 변한다.

그래서 꽃봉오리 끝을 끈으로 묶는 방법을 도입했다. 아침에 꽃
봉오리를 피울 나팔꽃은 개화 전날 오후면 부푼 모양을 띠므로 알

아볼 수 있다. 그런 나팔꽃을 골라 꽃봉오리 끝을 부드러운 끈이나 털실로 묶는다. 즉, '인공 폐쇄화'를 만든다.

간단해 보이지만, 고된 작업이다. 한여름 푹푹 찌는 오후 3시에 나팔꽃 동산에서 몇백 개나 되는 꽃봉오리 끝을 끈이나 털실로 동여매야 한다. 그렇게 해서 연구에 쓰일 일 년 치 씨앗을 얻는다.

끈으로 묶은 나팔꽃 꽃봉오리

다음날 아침이면 끈으로 묶지 않은 꽃봉오리는 활짝 피지만, 동여맨 꽃봉오리는 피지 않은 채 시든다. 그러나 꽃봉오리 속에서 자기 꽃가루를 자기 암술에 붙였으므로 시간이 지나면 씨앗이 생긴다.

〈촬영: 오타니 토모코(大谷朋子)〉

〈촬영: 나카에 료(中江 涼)〉

4장

꽃의 차림새

꽃 모양이 이름이 된 식물들 [일본 편]

꽃 모양은 각양각색이죠. 꽃 모양이 이름이 된 식물이 있나요?

꽃 모양이 이름이 된 식물은 '손수건나무', '맨드라미(계관화)', '초롱꽃(반딧불이주머니꽃)', '천사의나팔', '병솔나무' 등이 있다. 하나씩 살펴보자.

손수건나무는 4월 중순부터 하얗고 커다란 꽃잎(포엽)을 가진 꽃을 피운다. 이 꽃은 하늘거리는 손수건 가운데를 잡아 가지에 매달아 놓은 모양을 하고 있다. 멀리서 보면 하얀 손수건이 바람에 나부끼는 듯 보여 붙여진 이름이다.

맨드라미(계관화)는 빨갛고 작은 꽃이 모여 있는 모양이 닭의 커다란 볏(계관)과 비슷해 붙여진 이름이다.

초롱꽃(반딧불이주머니꽃)은 반딧불이를 넣는 주머니 모양을 닮은 꽃을 피운다. 형태도 비슷하고, 꽃 속에 반딧불이를 넣으면 반딧불이 비칠 만큼 꽃잎이 투명하다.

천사의나팔은 '엔젤 트럼펫'이라고도 부른다. 초여름부터 가을까지, 지름 10cm, 길이 20cm인 트럼펫처럼 생긴 꽃이 피어 아래쪽을 향해 늘어진다. 하얀 꽃, 노란 꽃, 오렌지색 꽃이 핀다. 별명은 '독말풀'로 잎과 줄기에 아트로핀이라는 독을 가졌다.

병솔나무는 작은 꽃이 이삭처럼 가늘고 길게 모여 핀다. 모양이 병이나 시험관을 닦는 솔과 똑 닮았다.

병솔나무 꽃

병솔나무 꽃

시험관 닦는 솔

꽃 모양이 이름이 된 식물들 [그 밖의 나라 편]

다른 나라에도 꽃 모양이 이름이 된 식물이 있나요?

'튤립', '도라지', '큰개불알풀', '황매화', '해바라기'가 있다.

튤립이라는 이름은 머리에 두르는 터번을 뜻하는 튀르키예어 'Tülbent'에서 유래한다. 신성 로마 제국 대사가 튤립을 보고 "이름이 뭐냐?"라고 묻자, 튀르키예인이 머리에 두른 터번 이름을 묻는 줄 알고 'Tülbent'라고 대답했다. 이것이 튤립의 유래다. 그러고 보니 튤립은 터번과 모양이 비슷하다. 그 뒤로 이름이 바뀌지 않고 그대로 널리 퍼졌다.

도라지는 줄기 끝에서 꽃이 피는데, 꽃은 피기 전까지 범종 또는 풍선과 비슷한 모양을 하고 있다. 영어 이름으로 부를 때는, 모양에서 이름을 따와 'Bell Flower', 또는 'Balloon Flower'라고 한다.

큰개불알풀은 매력적인 쪽빛 꽃에서 이름을 따와 다른 나라에서는 'Bird's Eye(새의 눈)', 'Cat's Eye(고양이 눈)'라는 귀여운 이름으로 불린다.

황매화는 꽃의 자태와 모양에서 따와, 영어로 'Japanese Rose(일본 장미)'라고 부른다.

해바라기는 반짝이는 해 모양을 띠고 있다고 해서 영어로 'Sun Flower(태양의 꽃)'다. 일본에서는 '해를 쫓아 방향을 바꾸는 꽃'이라는 의미를 담아 '향일규(向日葵)'라는 한자로 표기한다. 하지만 실제로 해바라기 잎과 꽃봉오리는 해를 쫓지 않는다.

도라지 꽃봉오리

범종이나 풍선 같아 보이나요?

튤립과 터번

튤립과 터번이 닮았나요?

꽃향기는 얼마나 멀리까지 날아갈까?

> 분명 꽃향기가 나는데 주위를 둘러봐도 꽃이 보이지 않더라고요. 꽃향기
> 는 얼마나 멀리까지 날아가나요?

꽃향기가 얼마나 진한지, 바람이 얼마나 세게 부는지에 따라 다르다. 그래서 얼마나 멀리 날아가는지 정확히 측정할 수 없다. 여기서는 '향기가 제법 멀리 날아가는' 식물을 소개한다.

'구리향(九里香)'이라는 중국 이름을 가진 식물이 있다. 1리가 4km쯤 되므로, 대략 36km인 '9리까지 향기가 퍼진다.'라는 뜻을 지닌 꽃이다. 단, 중국에서는 1리가 400~500m이므로 향기는 3,600~4,500m 정도 날아간다. 구리향은 금목서를 말하며, 영어 이름은 'Fragrant Olive(향기 나는 올리브)'다.

또 '칠리향(七里香)'이라는 중국 이름을 가진 식물이 있다. 향기가 2,800~3,500m 날아간다는 뜻으로 서향을 가리킨다. 좋은 향기가 나는 '3대 방향화'는 금목서, 서향, 그리고 '여행이 끝날 때까지 따라온다.'라는 노래가 있는 치자나무다.

'3대 방향화' 말고도 매실나무가 있다. 매실 중에 품질이 가장 좋다는 '난코우메'의 산지, 와카야마현 히다카군 미나베정에 있는 매실나무 숲은 '언뜻 보면 100만 그루, 향기는 10리'로 불린다. '매실나무가 100만 그루 펼쳐져 있고 향기가 10리를 날아간다.'라는 뜻이다.

실제로 매실나무가 7~8만 그루 심겨 있어 '언뜻 보면 10만 그루,

향기는 10리'라고 현실에 가깝게 표현하기도 한다. 매실나무 10만 그루가 풍기는 향기가 바람을 타면 10리는 족히 날아간다.

향수 원료로 쓰이는 장미나, 밤에 달콤한 향을 뿜내는 월하미인도 향기로 유명하다.

와카야마현 히다카군 미나베정에 있는 매실나무 숲 풍경

〈제공: 미나베 관광협회〉

꽃이 피면서 동시에 향기가 퍼지는 구조

치자나무, 금목서, 서향처럼 향이 강한 꽃들도 꽃봉오리일 때는 향기가 안 나고, 꽃봉오리가 열리면 마침내 기분 좋은 향기를 퍼뜨리죠. 왜 꽃이 피면 향기가 순식간에 퍼질까요?

달콤한 향기를 풍기는 월하미인을 옆에서 지켜보면, 꽃봉오리일 때는 거의 향기가 나지 않지만, 꽃이 피면 어느새 진한 향기를 내뿜는다. 마술 같다. 마술이라면 어딘가에 속임수가 숨어 있지 않을까.

우선 꽃봉오리 속에 향기가 숨어 있다고 추측할 수 있다. 꽃잎이 닫혀 향기가 밖으로 나오지 못하고 갇혔을까? 만약 그렇다면 꽃봉오리일 때 꽃잎을 억지로 열면 안에서 향기가 빠져나올 텐데, 꽃이 피기 전에 꽃봉오리를 조심스럽게 열어도 향기가 나지 않는다.

닫힌 꽃봉오리 속에 향기가 숨어 있지 않다면, 꽃봉오리가 열리면서 향기가 만들어질까?

하지만 향기를 내는 성분은 여러 단계를 거쳐 반응하며 만들어지는 복잡한 구조를 띤 물질이다. 향기는 꽃봉오리가 열리는 짧은 시간에 만들어지지 않는다.

꽃이 피면 향기가 퍼지는 마술 속에 담긴 '속임수'를 소개한다. 아직 향기는 아니지만, 곧 향기가 될 물질이 꽃봉오리에서 만들어진다. 하지만 이 물질에는 날아가지 못하도록 특별한 장치가 되어 있다. 꽃봉오리일 때는 향기가 날아가지 못하게 향기가 될 물질에

족쇄를 채웠다가, 족쇄를 풀면 비로소 향기가 되어 퍼져 나간다. 꽃
봉오리가 열리고 족쇄가 풀려야 향기가 퍼지는 구조다.

향기 속 속임수

향기는 꽃봉오리 속에서 족쇄를 찬 상태여서 날아가지 못한다. 꽃봉오리가 열리고
족쇄가 풀리면서 향기는 꽃에서 해방된다.

곤충에게만 보이는 꽃잎 무늬

'꽃 색상을 놓고 사람이 예쁘다고 느끼는 감각과 곤충이 바라보는 감각이 조금 다르다.'라고 들었는데 무엇이 다른가요?

태양광에는 사람 눈에 보이는 가시광선 이외에 적외선과 자외선이 있다. 자외선은 영어 이름 'Ultra Violet'에서 앞 글자를 따서 'UV'라고 부른다. 자외선은 파장이 긴 쪽부터 A, B, C로 나뉜다. 셋 모두 사람 눈에는 보이지 않는다.

사람은 자외선을 볼 수 없지만, 꿀벌이나 나비는 자외선 A를 볼 수 있다. 자외선이 곤충에게 어떤 색으로 보이는지 알려면 곤충에게 물어봐야 한다.

사람에게 꽃이 하얗게 보여도, 자외선을 볼 수 있는 곤충에게는 꽃이 어떤 다른 색으로 보일지도 모른다. 마찬가지로 사람에게 노랗게 보이는 꽃도, 곤충에게는 다른 색으로 보이거나 자외선 때문에 어떤 무늬가 수놓인 듯 보이거나 아예 다른 모양으로 보일 수 있다.

자외선을 감지하는 카메라로 촬영한 꽃 사진을 보니, 꽃잎에는 자외선을 튕겨 내는 부분과 빨아들이는 부분이 있다. 이 부분이 꿀벌과 나비에게는 꽃잎 무늬로 보일 듯하다.

꽃잎 무늬는 곤충을 유인하고 곤충 몸에 꽃가루를 효율적으로 묻히기에 좋은 수단이다. 반면 꽃잎 무늬가 곤충에게는 꽃 찾기를 돕는 표식이 된다. 곤충에게만 보이는 꽃잎 무늬는 곤충을 꽃가루와 꿀이 있는 곳으로 안내한다.

꿀벌이 느끼는 시각

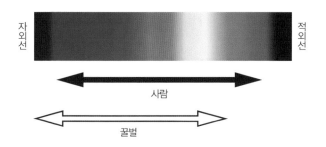

자외선 카메라로 촬영한 꽃 사진

〈제공: 후쿠오카교육대학 교육학부 부교수 후쿠하루 다쓰도(福原 達人)〉

자외선과 꽃은 사이가 좋을까?

자외선은 사람에게 주름, 기미, 백내장, 피부암을 일으킨다고 하죠. 하지만 꽃은 자외선을 당당히 맞으며 피어나죠. 볕에도 그을지 않고요. 자외선과 꽃은 사이가 좋은가요?

'자외선과 꽃은 사이가 좋다.'라는 말은 틀렸다. 자외선은 꽃에도 해를 끼친다. 단, 꽃이 그을지 않는 이유는 꽃이 자외선에 대처할 계획을 확실히 세우고 있기 때문이다.

꽃이 세운 자외선 대책을 이해하려면 우선 '자외선이 해로운 이유'를 생각해 봐야 한다. 자외선이 해로운 이유는 '활성 산소'를 생겨나게 하기 때문이다. 자외선은 꽃이든 사람이든 거기 닿으면 활성 산소를 만들어 낸다.

활성 산소 하면 왠지 어감이 좋다. 그래서 '약간 들이마시면 힘이 나는 산소'라고 오해하기도 한다. 그러나 뜻이 전혀 다르다. 활성 산소는 온갖 병을 일으키는 원인 중 90%를 차지하고 노화를 앞당긴다. 피부를 빨리 늙게 하기도 한다.

활성 산소가 작동하면 피부가 타고 주름이나 기미가 생긴다. 심하면 백내장이나 피부암에 걸리기도 한다. 따라서 사람은 자외선을 피해야 한다.

꽃은 자연 속에서 자외선과 함께 살아간다. 그래서 활성 산소가 주는 해를 입지 않도록 자신을 잘 보호해야 한다. 이때 '항산화 물질'이 필요하다.

꽃이 가진 항산화 물질 중에 안토시아닌과 카로틴이라는 색소가 있다. 이 색소가 활성 산소를 제거한다. 안토시아닌은 꽃이 띠는 붉은색이나 푸른색을 만드는 색소이며, 카로틴은 노란색 계열을 만드는 색소다. 꽃은 이런 항산화 물질이 있어 볕에 그을지 않는다.

안토시아닌이 가득한 가지 겉면

꼭지를 떼 내면 하얀 부분이 나타난다. 여기에 태양광을 비추면 2~3일 뒤에 안토시아닌이 생긴다. 직접 실험해 봐도 좋다. 〈촬영: 나카에 료(中江 涼)〉

꽃은 왜 아름다운 빛깔을 띨까?

꽃가루를 나르는 곤충을 유인하려고 꽃이 아름다운 빛깔을 띤다는데, 혹시 다른 이유는 없나요?

안토시아닌과 카로틴이 해로운 자외선을 막는 항산화 물질이라는 사실을 Q063에서 소개했다. 안토시아닌과 카로틴은 꽃에 아름다운 빛깔을 더해 주는 아주 중요한 색소다.

안토시아닌은 꽃에 붉은색이나 푸른색을 입혀 주는 색소다. 장미, 나팔꽃, 페튜니아, 시클라멘, 영산홍 같은 붉은 꽃에는 안토시아닌이 들어 있다. 또 삼색제비꽃, 닭의장풀, 도라지, 용담, 페튜니아가 띠는 푸른색도 안토시아닌이 낸다.

카로틴은 꽃에 노란색 계열을 입혀 주는 색소다. 노란 국화나 민들레, 금잔화 같은 꽃에는 주로 카로틴이 들어 있다.

안토시아닌과 카로틴은 항산화 물질로, 꽃잎에 빛깔로 입혀져 해로운 자외선을 막음으로써 꽃 속에서 만들어지는 자식(씨앗)을 지킨다.

따라서 꽃이 아름다운 이유를 또 들자면, '꽃 속에 생겨나는 자식(씨앗)을 자외선에 맞서 지키고자 함'이라고 할 수 있다.

이런 색소는 꽃뿐 아니라 채소나 과일에도 빛깔로 입혀져, 식물 몸통이나 열매 속 씨앗을 지킨다. 안토시아닌은 붉은 양배추, 블루베리, 가지 껍질, 붉은 차조기에, 카로틴은 당근, 호박, 감 등에 아주 많이 들어 있다.

자외선에 의해 진하게 물든 사과

위쪽 사과를 태양광에 사흘 동안 방치했더니 아래쪽 사과처럼 되었다.
자외선에 의해 붉게 물들었다.　　　　　　　　〈촬영: 나카에 료(中江 涼)〉

일곱 번 변하는 '안토시아닌'

꽃이 가진 색소 가운데 대표라 할 만한 안토시아닌은 일곱 번 변한다는데, 무슨 뜻인가요?

시장에 가면 일 년 내내 볼 수 있는 자주색 양배추를 써서 '일곱 번 변하는 안토시아닌' 실험을 해 보자. 짙은 붉은색이나 푸른색을 띠는 나팔꽃을 실험에 쓰면 좋기는 한데, 나팔꽃은 계절에 따라 찾기 어려울 때가 있다. 처음 실험할 때는 빛깔이 짙은 재료를 사용하면 결과를 내기 쉽다. 그래서 자주색 양배추를 골랐다. 자주색 양파나 블루베리 열매도 좋다. 이 채소나 과일들이 띠는 빛깔도 꽃처럼 안토시아닌이 만들어 내기 때문이다.

바닥이 흰 그릇과 자주색 양배추, 식초, 암모니아수를 준비한다. 암모니아수는 모기에게 물렸을 때 발라도 좋은데, 약국에서 저렴한 가격으로 살 수 있다.

자주색 양배추 잎을 얇게 썰어 그릇에 담는다. 대충 손으로 잘게 찢어 넣어도 좋다. 양배추 잎이 푹 잠길 정도로 물을 붓는다. 그릇을 전자레인지로 1분 동안 데운다. 그러면 물은 예쁜 자홍색을 띤다. 색소가 물에 녹아들었다는 뜻이다.

자홍색 액체를 다른 그릇에 조금 옮겨 담고, 거기에 식초를 한 방울 떨어뜨리면 자홍색이 짙어진다. 식초 대신에 암모니아수를 한두 방울 떨어뜨리면 떨어뜨린 곳이 자홍색에서 푸른색이나 녹색으로 변한다. 암모니아수를 더 많이 떨어뜨리면 자홍색 액체가 푸른색으로 변하고 녹색이 된 다음, 노란색으로 변한다.

이 실험을 통해 안토시아닌이 가진 두 가지 성질을 파악할 수 있다. 첫 번째는 안토시아닌은 물, 특히 뜨거운 물에 쉽게 녹는다는 점이다. 두 번째는 '안토시아닌은 산성 액체에 반응하면 짙은 자홍색으로, 알칼리성 액체에 반응하면 푸른색, 녹색, 노란색으로 변하는' 성질이 있다는 점이다.

안토시아닌의 일곱 가지 변화

안토시아닌과 매우 유사한 색을 띠는 카로틴은 차갑거나 뜨거운 물에 잘 녹지 않는다. 따라서 당근, 수박, 붉은 파프리카를 실험 재료로 쓰더라도 뜨거운 물이 붉은색으로 변하지 않는다. 카로틴은 물에 녹지 않으므로, 뜨거운 물에 잘 녹는 안토시아닌과 쉽게 구분할 수 있다.

뜨거운 물에 녹은 자홍색 액체(왼쪽에서 두 번째)에 식초를 넣으면 자홍색이 짙어진다. 식초 대신 암모니아수를 떨어뜨리면 자홍색 액체가 파란색이 되고 녹색을 거쳐 노란색으로 변한다.

〈촬영: 히라타 레오(平田礼生)〉

꽃이 강한 햇볕에 드러나면
빛깔은 어떻게 변할까?

꽃이 강한 햇볕에 드러날수록 빛깔이 선명해진다고 하는데, 사실인가요?

꽃이 강한 태양 아래에서 자외선을 쬐어도 꽃은 그을지 않는다. 그을기는커녕 자외선에 드러날수록 꽃은 점점 빛깔이 선명해진다.

Q063에서 말한 대로 꽃이 지닌 색소는 자외선을 맞으면 생기는 해로운 물질 '활성 산소'를 제거한다. 따라서 자외선을 맞으면 맞을수록 더욱 더 생겨나는 활성 산소를 제거하려고 꽃은 색소를 아주 많이 만들어 낸다. 그 결과 꽃은 빛깔이 선명해진다.

고산 식물이 피우는 꽃은 선명한 색을 띠는 경우가 많다. 높고 공기가 맑은 산일수록 자외선이 강하게 내리쬐기 때문이다. 바깥에서 기른 카네이션과 온실에서 기른 카네이션을 비교하면, 바깥에서 기른 카네이션이 띠는 빛깔이 훨씬 선명하다. 강한 햇볕을 직접 쬐기 때문이다.

꽃 빛깔이 선명해지려면 햇볕이 필요하다는 사실을 직접 확인한 적이 있다.

어느 봄날, 도심 속 어느 건물에 만들어진 꽃밭에 한쪽에는 빛깔이 선명한 영산홍, 다른 한쪽에는 빛깔이 탁한 영산홍이 피어 있었다. 탁한 영산홍을 본 순간 영산홍에 '병이 들었나?'라고 생각했는데, 주변에 건물이 놓인 위치를 보고 그 원인을 알아낼 수 있었다. 탁한 영산홍이 있는 곳은 아무리 살펴봐도 다른 건물 때문에 영산홍이 햇볕을 직접 쐴 수 없는 위치였다.

완전한 그늘이 아니라서 계절에 따라 빛이 적당히 들어와 영산홍
이 자라기는 했지만, 봄에 꽃이 필 무렵 햇볕을 직접 받지 못해 빛
깔이 탁해졌다. 선명해지고 싶다며 햇볕을 달라고 호소하는 영산홍
같았다.

히말라야에 핀 '파란 양귀비' 꽃

〈촬영: 오노 준코(小野順子)〉

꽃이 띠지 않는 빛깔

꽃은 다양한 빛깔을 띠죠. 꽃이 띠지 않는 빛깔도 있나요?

꽃 빛깔이란 꽃잎 빛깔이므로 정확히 표현하면 '꽃잎은 다양한 빛깔을 띤다.'라고 말할 수 있다. 식물을 하나하나 따로 보면 꽃잎에 없는 빛깔도 있다. 새파란 국화나 나리, 샛노란 나팔꽃, 새빨간 민들레나 해바라기는 없다. 하지만 모든 식물을 합하면 '거의 모든 빛깔을 갖추고' 있다.

검은색 꽃은 없다고 하지만 '흑패모'는 검은색에 가깝다. 검은색이라 해도 안토시아닌이 많이 만들어져 나는 빛깔이다.

그렇다고 '모든 빛깔을 갖추고 있다.'라고 확실히 말할 수 없는 이유는 잎과 똑같은 빛깔인 초록색 꽃이 없기 때문이다.

'초록색 꽃'이라고 불리는 꽃이 있기는 하다. 화살나무나 헬윙기아 야포니카, 벚나무 중 하나인 교이코(御衣黄) 등이다. 하지만 엷은 초록색을 띠므로 초록색 잎과 구분된다.

잎과 같은 초록색 꽃이 없는 이유는 꽃잎이 초록색이어서는 안 되기 때문이다. 꽃은 곤충에게 꽃가루를 옮기는 역할을 맡기려고 아름다운 빛깔을 띠는 꽃잎을 피워 곤충을 유혹한다.

다시 말해 꽃이 눈에 띄어야 한다. 잎과 똑같은 초록색 꽃을 피우면 '여기에 꽃이 피었다!'라고 하며 곤충 마음을 끌 수가 없어 불리하다. 만약 초록색 꽃이 있다면 매우 진한 향기와 달콤한 꿀을 준비해서 곤충을 유혹해야 할지도 모른다.

푸른색 장미와 카네이션(달의 먼지)

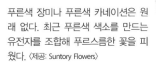

푸른색 장미나 푸른색 카네이션은 원래 없다. 최근 푸른색 색소를 만드는 유전자를 조합해 푸르스름한 꽃을 피웠다. 〈제공: Suntory Flowers〉

하얀 꽃에는 하얀색 색소가 들어 있을까?

붉은색과 푸른색 꽃에는 안토시아닌이라는 색소가, 노란색 꽃에는 카로틴이라는 색소가 들어 있죠. 그렇다면 하얀 꽃에는 어떤 색소가 들어 있나요?

하얗게 보이는 꽃은 많다. 하얀 꽃에도 색소가 들어 있다. 엄밀히 말하면, 하얀색 색소가 들어 있지는 않고, 빛깔이 없이 투명하거나, 엷은 크림색 색소인 '플라본'이나 '플라보놀'이 들어 있다. 그렇다고 꽃잎이 투명하게 비치거나 크림색으로 보이지는 않고, 하얀색으로 보인다.

꽃잎 속에 수없이 낀 작은 거품 때문이다. 작은 거품이 많으면 빛을 반사해 꽃잎이 하얗게 보인다. 폭포에서 이는 물보라, 혹은 맥주나 비누가 내는 거품이 하얗게 보이는 원리와 같다.

그래서 꽃잎 속 거품을 제거하면 꽃잎은 빛깔이 없이 투명하게 비친다. 하얗고 얇은 꽃잎을 엄지와 검지로 강하게 누르면 꽃잎에 있던 거품이 없어진다. 그러면 그 부분이 투명하게 변한다. 벚꽃이나 부용 같은 꽃잎을 눌러도 이처럼 된다.

Q062에서 곤충은 자외선을 볼 수 있다고 했다. 사람은 자외선을 감지하지 못해 플라본이나 플라보놀 색소가 가진 색을 볼 수 없다. 이런 색소는 자외선을 흡수하거나 반사한다. 따라서 사람에게는 새하얗게 보이는 꽃이, 곤충에게는 자외선이 만들어 사람은 알 수 없는 어떤 모양으로 보일지도 모른다.

하얀 무궁화

빛깔 없이 투명한 꽃잎

하얀 꽃잎을 세게 누르자, 누른 부분(아래 꽃잎 가운데)이 투명해진다. 바닥 모양이 훤히 보인다.
〈촬영: 나카에 료(中江 涼)〉

식물을 크게 키우면 큰 꽃이 필까?

같은 종류인 식물을 크게 키울 때와 작게 키울 때, 꽃 크기는 달라지나요?

　자연에서 스스로 자라는 작은 민들레는 뿌리가 매우 두껍고 길다. 땅을 파서 뿌리를 보면 뿌리 두께가 당근처럼 5㎝가 넘는다. 또 뿌리가 우엉처럼 길어 땅속으로 깊숙이 뻗었다. 땅 위에서 보면 작은 잎일 뿐인데, 땅 아래에서는 튼실하게 잘 자라고 있다.

　민들레에 매일 비료를 준 적이 있다. 잎이 점점 커지고, 잎 하나가 길이는 약 50㎝, 폭은 약 10㎝가 되었다. 민들레는 잎이 한 점에서 사방으로 뻗어 나가므로, 한 그루가 지름이 약 1m쯤 되는 둥그런 모양을 띤다. 민들레는 무럭무럭 자라는 능력을 숨기고 있다.

　하지만 그렇게 커졌어도 피운 꽃은 그리 크지 않았다. 식물이 몸집이 크든 작든, 꽃 크기는 별반 차이가 없다. 생식 기관 크기는 따로 정해져 있는 모양이다.

　씨앗도 크지 않았다. 꽃 하나가 만드는 씨앗 개수도 늘지 않았다. 꽃 하나에 생긴 씨앗이 얼마나 크고 얼마나 많은지는 비료를 주는 양에 따라 달라지지 않는다.

수경으로 재배한 토마토

〈제공: 교와 주식회사〉

수경으로 재배한 토마토 한 그루에 열매가 12,000여 개쯤 열려요. 그루는 나무처럼 크지만, 꽃이나 열매는 그리 크지 않아요.

5장

발맞춰 꽃을 피우는 식물 친구들

꽃이 피는 계절은 정해져 있다?

'식물은 계절을 정해 꽃을 피운다.'라고 하죠. 하지만 계절보다는 기간을 정해 꽃을 피우는 듯한데, 어떤가요?

그렇다. 많은 식물은 기간을 정해 꽃을 피운다. 예를 들어 왕벚나무는 '봄의 꽃'이라 불리지만 봄 가운데 매우 짧은 기간에만 꽃을 피운다. 내가 거주하는 간사이 지방에서는 왕벚나무 꽃이 피는 시기가 늦어지기도 하고 빨라지기도 하지만, 대개 4월 5일을 중심으로 해 일주일 전후로 꽃이 핀다.

간사이 지방에서 꽃산딸나무는 5월 중순, 등나무는 5월 하순, 치자나무는 6월 하순, 금목서는 10월 초순에 꽃을 피운다.

꽃을 피우는 날짜가 지방마다 다르기는 하지만, 식물은 기간을 정해 꽃을 피운다. 식물이 가진 이러한 성질을 담아 '꽃 달력'을 만들어 달별로 꽃을 피우는 식물을 나열하기도 한다.

식물은 왜 기간을 정해 꽃을 피울까? 식물이 건강한 자손을 남기고자 꽃가루를 많이 만들거나 곤충을 유인하려고 여러 가지 노력을 한다고 앞서 소개했다(3장). 여기서 짚고 넘어가야 할 중요한 사실이 있다. 꽃가루가 이동할 때 만약 동료가 꽃을 피워 두지 않았다면 동료에게 꽃가루를 묻힐 수 없다는 점이다.

따라서 같은 종류인 식물은 같은 계절에 함께 꽃을 피운다. 하지만 계절을 정해도 기간이 길면 꽃 피우는 시기가 일치하지 않을 수 있다. 그래서 많은 식물은 기간을 정해 동료끼리 발맞춰 꽃을 피운다.

꽃 달력

	꽃나무	화초
1월	매실나무	복수초
2월	동백나무	수선화
3월	복사나무	유채
4월	벚나무	튤립
5월	등나무	카네이션
6월	수국	꽃창포
7월	치자나무	나리
8월	배롱나무	나팔꽃
9월	싸리	석산
10월	목서	코스모스
11월	애기동백나무	국화
12월	비파나무	털머위

〈다키모토 아츠시(滝本 敦), 「花ごよみ 花時計꽃 달력, 꽃시계」〉

꽃 달력이에요. 매달 피는 꽃나무나 화초가 정해져 있어요. 많은 식물이 기간을 정해 꽃을 피운다는 뜻이죠.

시각을 정해 꽃을 피우는 식물들

Q0070에서 '식물은 기간을 정해 꽃을 피운다.'라는 사실을 알았는데, 실제로 시각을 정해 꽃을 피우는 식물도 많지 않나요?

그렇다. 꽃이 피는 시각은 계절, 장소, 기후에 따라 다소 차이가 나지만, 대개 정해져 있다.

나팔꽃, 박, 밤메꽃, 달맞이꽃, 분꽃, 월하미인처럼 꽃 피는 시각에서 따 이름을 지은 예도 많다.

나팔꽃(アサガオ에서 アサ는 '아침'을 뜻한다.)은 아침에 꽃을 피운다. 박(ユウガオ에서 ユウ는 '저녁'을 뜻한다.)이나 밤메꽃도 꽃이 피는 시각에서 따온 이름이다. 밤메꽃은 영어 이름이 'Moon flower'다. 달맞이꽃은 저녁에 꽃이 핀다. 저녁달을 보려는 듯 땅거미가 깔린 들이나 강변에서 산들바람에 나부끼며 샛노란 꽃을 피운다.

분꽃은 영어 이름이 'Four o'clock'으로 오후 4시에 피는 꽃을 뜻한다. 중국 이름은 '四打鐘'이다. 일본에서는 여름 저녁 6시쯤 꽃을 피운다. 그래서 꽃 피는 시각에서 따온 '저녁 화장', '밥 짓는 꽃'이라는 별명을 가지고 있다.

월하미인은 꽃 피우려는 계획을 미리 알리려는 듯 그날 아침 꽃봉오리를 부풀린다. 그리고 밤 10시쯤, 때를 기다렸다는 듯이 한꺼번에 꽃을 피운다. 꽃에는 자태와 향기에서 따온, 월하미인(달빛 아래 아름다운 사람)이라는 이름이 붙여졌다.

이처럼 많은 식물은 시각을 정해 꽃을 피운다.

시각을 정해 두고 꽃을 피우는 부레옥잠

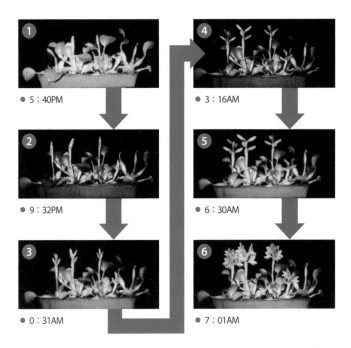

연못이나 늪에서 자라는 부레옥잠은 꽃을 피우기 전날 저녁이면 꽃봉오리가 딱딱해진다. 그러다 아침이 되면 꽃줄기 하나에서 선명한 연보랏빛 꽃 대여섯 송이를 피운다. 수조나 어항에서 기른 부레옥잠에서도 꽃 피우는 모습을 관찰할 수 있다. 꽃봉오리는 점점 깊어지는 밤에 발맞춰 꽃 피우는 과정을 진행한다. 모든 꽃줄기가 같은 속도로 자라 아침 6시 30분쯤이 되면 꽃봉오리가 꽃이 피는 위치에 다다르고, 30분 후인 아침 7시에 그날 피어야 할 꽃봉오리가 모두 피어난다.

시각을 정해 꽃을 피우는 데는 어떤 뜻이 있을까?

많은 식물은 기간을 정해 꽃을 피우죠. 그런데 시각까지 정하면서 꽃을 피우는 데는 어떤 뜻이 있나요?

'꽃시계'가 있다고 해서 보러 갔더니 꽃밭 위에 시곗바늘이 돌고 있었다. 하지만 18세기 스웨덴 식물학자 칼 폰 린네(Carl von Linné)가 만들려 했던 '꽃시계'에는 시곗바늘이 필요하지 않았다. 시계 글자판의 시각 위치에 그 시각에 피는 식물을 심고, 무슨 식물이 꽃을 피웠는지 확인해 시각을 읽는 시계였기 때문이다.

린네는 꽃잎을 오므리는 시각이 정해진 식물도 사용하기는 했다. 하지만 '꽃시계'는 꽃을 피우는 시각이 정해진 식물들이 자연에서 시간을 알리는 방식을 주로 활용했다. 꽃이 자신을 피우며 시간을 알려주는 동화같이 신비로운 시계다. 많은 종류의 식물이 시각을 정해 꽃을 피운다는 성질을 활용해, 추상적인 시간을 구체적인 사물로 잘 표현했다.

꽃 피우는 시각이 정해진 식물은 대개 '하루살이'고, 꽃이 피고 나서 24시간 안에 시든다. 나팔꽃은 여름날 오후, 달맞이꽃은 다음 날 오후, 분꽃도 여름에는 다음 날 오후에 꽃이 시든다.

그러면 식물은 왜 시각까지 정하면서 꽃을 피울까? 이러한 식물들은 기간을 정해 두고 꽃을 피우더라도 '동료와 제대로 꽃가루를 주고받을 수 있을지' 불안해한다. 꽃을 피우고 하루 만에 시들기에 더 걱정이 많다. 그래서 꽃을 피우는 '시각'이 중요하다. 동료들과

협의해 같은 시각에 함께 꽃을 피우면 꽃가루를 효율적으로 주고받을 수 있다. 이와 같은 이유로 시각을 협의해 동료들끼리 동시에 꽃을 피운다. 시각을 정해 꽃을 피우는 식물은 아마도 생겨날 때부터 걱정이 많은지도 모르겠다.

분꽃

분꽃은 영어 이름이 'Four o'clock(4시)', 중국 이름은 '四打鐘'으로 오후 4시에 피는 꽃이죠. 일본에서는 여름에 저녁 6시쯤 꽃을 피워요. 그래서 '저녁 화장', '밥 짓는 꽃'이라는 별명을 가지고 있죠.

〈촬영: 나카에 료(中江 涼)〉

'꽃시계'를 만들 수 있을까?

많은 식물이 시각을 정해 꽃을 피우는 성질을 가지고 있다면, 그런 식물을 쭉 나열해 '꽃시계'를 만들 수 있지 않을까요?

꽃시계를 만들고자 꽃 피우는 시각 순으로 식물을 나열한다. 대부분 봄부터 여름까지 꽃을 피우는 식물이라 쉽지는 않지만, 애를 쓰면 꽃시계를 만들 수도 있다. 이 책 다른 쪽에서 이미 소개했거나 소개할 식물은, 여기서는 질문 번호만 쓰고 설명은 하지 않는다.

오전 6시에 히비스커스가 핀다. 한 그루에 적은 꽃이 피는 정원수로 눈에 잘 띄지 않는다. 하지만 여러 그루가 심긴 꽃밭에서 그날 피어야 할 꽃봉오리가 새벽 4시부터 열려 6시쯤 한꺼번에 피어난다.

오전 8~9시에 쇠비름, 송엽국, 큰개불알풀, 별꽃, 괭이밥이 꽃을 피운다.

오전 9~10시에 민들레, 튤립, 사프란, 자주괭이밥, 흰꽃나도사프란 등 많은 꽃이 핀다.

오전 11~12시에 걸쳐 '펜타페테스 포이니케아(오시화)'라는 식물이 꽃을 피운다. 여기서 소개하기는 하지만, 실제로 본 적은 없다. 펜타페테스 포이니케아는 교토부립 식물원에서 자라고 있으며, 매일 오전 11시경에 꽃을 피운다고 한다.

오후 2시, 하얀 수련(ヒツジグサ)이 꽃을 피운다. 미(ヒツジ)란 오후 2시를 말한다. 하얀 수련은 수련과에 속하는 수초로 연못이나 늪에서 자란다.

꽃시계

오전 4시	나팔꽃	(Q074)
오전 6시	히비스커스	
오전 7시	부레옥잠	(Q071)
오전 8시	망종화	
오전 8~9시	쇠비름, 송엽국, 큰개불알풀, 별꽃, 괭이밥	
오전 9~10시	민들레, 튤립, 사프란, 자주괭이밥, 흰꽃나도사프란	
오전 11~12시	펜타페테스 포이니케아	
오후 2시	수련	
오후 3시	탈리눔 파니쿨라툼(세시화)	(Q081)
오후 4시	분꽃	(Q072)
오후 7시	달맞이꽃	(Q075)
오후 10시	월하미인	(Q071)
오후 12시	영산홍	(Q080)

시곗바늘이 돌고 있는 꽃시계

꽃봉오리가 커지면 꽃이 필까?

꽃봉오리는 어떤 원리로 같은 시각에 한꺼번에 열리나요?

'꽃봉오리가 커지면 열린다.'라고 생각하기 쉽다. 하지만 꽃봉오리가 커졌다고 열리지는 않는다. 꽃봉오리를 여는 데 자극이 필요하다.

'자연에서는 특별한 자극 없이 꽃봉오리가 열리지 않나?'라고 의아해할 수 있다. 하지만 자연에서도 자극은 존재한다. 아침이 되면 밝아지고, 해가 뜨면 온도가 오르고, 저녁부터 점점 어두워지듯 환경에 급격한 변화가 일어난다. 이러한 변화 하나하나가 꽃봉오리에는 자극이다. 자연 속 식물들은 온도나 밝기가 변할 때 자극을 느끼며 꽃봉오리를 연다.

"자극이 없으면, 꽃봉오리가 커져도 열리지 않는다."라고 설명하면, "그러면 나팔꽃은 왜 가을철이면 동트지도 않은 이른 아침부터 꽃을 피우나요?"라는 질문이 되돌아온다.

분명 나팔꽃은 여름에는 동틀 무렵 꽃을 피우는데, 가을에는 동트기 전 어둠 속에서 꽃을 피운다. 온도나 밝기가 변하지 않았는데도 말이다. 마땅한 질문이다.

하지만 이때도 꽃봉오리는 자극을 느낀다. 실제로 나팔꽃 꽃봉오리는 저녁에 어두워지면 시간을 재기 시작해 약 10시간 후에 꽃을 피운다. 이 10시간이 한여름에는 날이 밝는 시각과 일치한다. 나팔꽃은 몸 안에 시간을 재는 프로그램을 갖추고 있고, '어둠'이 자극이 되어 프로그램을 가동한다. 이를 '생물 시계', '생체 시계', '체내 시계'라 부른다.

　어둠이 찾아오고 약 10시간 후에 꽃을 피우는 프로그램을 갖추었으므로, 이른 저녁에 꽃봉오리로 들어오는 빛을 가로막아 어두워지는 시간을 앞당길수록 나팔꽃은 다음 날 아침에 꽃을 빨리 피운다. 반대로 저녁에 조명을 밝혀 꽃봉오리가 어둠 속에 있게 되는 시간을 늦추면 다음 날 아침에 꽃을 늦게 피운다.

어떻게 꽃 피우는 시각을 결정할까?

❶ 기온이 오르면 꽃을 피우는 식물
　튤립, 쇠비름, 사프란 등
❷ 밝아지면 꽃을 피우는 식물
　민들레, 자주괭이밥 등
❸ 어둠이 자극이 되어, 시간을 재기 시작한 지 몇 시간 후에 꽃을 피우는 식물
　나팔꽃, 달맞이꽃, 월하미인 등

나팔꽃의 영어 이름은 'Morning Glory'로 '아침의 영광'이라는 뜻이죠. 이름 그대로 여름날 아침, 동틀 무렵 꽃이 피죠. 그래서 밝아지면 꽃을 피운다는 인상이 강하고요. 하지만 밝음을 감지해 꽃을 피우지는 않아요. 나팔꽃 꽃봉오리는 저녁에 어두워지면 시각을 재기 시작해 약 10시간 후에 꽃을 피우죠. 그 10시간 뒤가 바로 동트는 시각이고요. 그래서 꽃봉오리를 맺은 나팔꽃 화분에 큰 종이 상자를 씌워 두면, 아침에 어두운 가운데서도 꽃이 피어요.

달맞이꽃은 어두워지기를 기다릴까?

달맞이꽃은 여름에 해가 지면, 어두워지기를 기다렸다는 듯 꽃봉오리를 열죠. 정말 꽃봉오리는 해가 지기만을 기다리고 있을까요?

달맞이꽃이 정말로 저녁이 되기를 기다렸는지 알려면 달맞이꽃에 직접 물어 보아야 하는데, 사람은 그러한 초능력을 가지고 있지 않다. 그래서 낮과 밤을 뒤바꾸거나 낮과 밤의 길이를 바꾼 다음, 식물이 보이는 반응을 보고 추측할 수밖에 없다.

한 연구자는 20년이 넘도록 달맞이꽃 중 하나인 큰달맞이꽃을 연구했다. 큰달맞이꽃을 여러 화분에 심은 다음, 낮에 컴컴한 방으로 화분을 옮겨 놓거나 날이 저물어도 화분에 전등을 켜 놓으며 꽃 피우는 시각이 어떻게 변하는지 관찰했다.

연구자는 온갖 고생 끝에 큰달맞이꽃이 어떤 원리로 꽃을 피우는지 알아냈다. 꽃봉오리는 꽃이 피는 그날에, 어두워지고 나서 피어날 준비를 하는 것이 아니다. 전날 저녁 해질녘에, 두 과정을 거치며 생체 시계로 시각을 재면서 꽃 피우기를 준비한다.

파악한 원리를 어느 여름날에 적용하면 다음과 같다.

큰달맞이꽃이 해가 졌다고 느낄 만큼 어두워진, 저녁 7시쯤부터 첫 번째 과정을 시작한다. 빛에 영향을 받지 않는 가운데, 새벽 1시쯤 6시간짜리 첫 번째 과정을 마무리한다.

여전히 어두운 가운데 19시간이 필요한 두 번째 과정을 바로 이어서 시작한다. 이 과정은 빛을 쐬면 시간을 줄일 수 있다. 따라서 첫 번째 과정이 끝난 다음, 빛을 계속 비추면 13시간 후인 오후 2시쯤 꽃이 핀다. 자연에서는 새벽 4시까지 어둡다. 그러므로 해가 뜨면서 나오는 빛에 의해 약 2시간 짧아진, 17시간 후인 저녁 6시쯤 두 번째 과정을 마무리하면서 꽃 피울 준비를 끝낸다.

화창한 여름날 저녁 6시, 큰달맞이꽃 꽃봉오리에는 여전히 눈부실 만큼 강한 햇살이 비춘다. 그러므로 아직 꽃을 피우지 않는다. 흐리거나 하늘이 비구름으로 뒤덮인 날에는 큰달맞이꽃이 저녁 6시쯤 꽃 피울 준비를 마치고, 동시에 꽃봉오리를 연다. 결국 맑은 날에는 꽃봉오리가 꽃 피울 준비를 마치고도 어두워지기만을 기다린 것이다.

'여름 저녁, 해가 지기만을 기다렸다는 듯 꽃봉오리가 피어난다.'라고 느낀다면, 그 느낌이 맞다.

저녁에 꽃을 피우는 달맞이꽃

달맞이꽃 꽃봉오리는 어두워지기를 기다렸다 피어난다.　　　〈촬영: 히라타 레오(平田札生)〉

꽃이 열리거나 닫히는 원리

'튤립이 열리고 닫히는 일은 온도가 좌우한다.'라고 하는데, 무슨 뜻인 가요?

튤립은 아침에 열려 저녁이면 닫힌다. 대개 튤립이 온도를 느끼며 보이는 평범한 반응이다. 튤립은 온도가 높아지면 열리고 온도가 낮아지면 닫힌다. 따라서 자연에서도 튤립은 아침이면 기온이 올라 열리고 저녁이면 기온이 내려가 닫힌다.

이 성질은 집 안에서도 쉽게 확인할 수 있다. 꽃이 핀 튤립 화분을 실내로 들여와 방 온도를 낮추면 꽃이 닫힌다. 그리고 온도를 올리면 닫힌 꽃은 다시 열린다.

튤립이 여닫는 운동 원리를 밝혀내려고, 1953년 영국의 우드는 꽃잎을 바깥층과 안층으로 분리해 물에 띄웠다. 물 온도를 올리자, 꽃잎 안층은 민감하게 반응하며 아주 빠르게 자랐고, 바깥층은 조금 자랐다. 반대로 물 온도를 내리자, 꽃잎 안층은 거의 자라지 않았는데 바깥층은 아주 빠르게 자랐다.

이 결과는 튤립이 여닫는 원리를 보여 준다. 기온이 올라가면 꽃잎 안층이 바깥층보다 빨리 자라 뒤로 젖혀진다. 바로 꽃이 피는 현상이다. 반대로 기온이 내려가면 꽃잎 바깥층이 아주 빠르게 자라는 데 반해, 안층이 거의 자라지 않아 뒤로 젖혀지지 못하고 꽃잎이 닫힌다.

온도 변화를 감지해 튤립은 여닫는다. 하지만 온도가 아닌 다른 변화를 감지해 꽃을 여닫는 식물도 있다. 단, '꽃이 필 때는 꽃잎 안층이 자라고 닫힐 때는 바깥층이 자라는' 현상은 자극을 감지해 꽃을 여닫는 식물이 공통으로 갖는 원리이다.

온도 변화로 여닫는 튤립

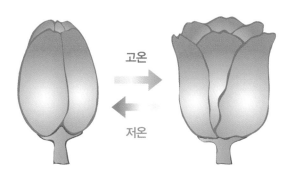

우드가 실험한 결과

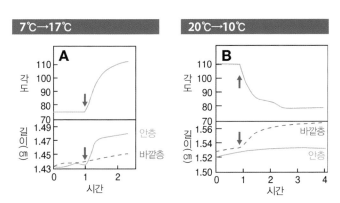

온도를 올리면 꽃잎 안층이 자라 뒤로 젖혀지는 각도가 커진다. 온도를 낮추면 꽃잎 바깥층이 자라 뒤로 젖혀지는 각도가 작아진다.

꽃은 커질까?

민들레나 튤립처럼 여닫는 운동을 하는 꽃이 있고, 국화, 장미, 코스모스처럼 한번 피면 닫히지 않는 꽃도 있죠. 이런 꽃잎은 매일 크게 자라나요?

꽃을 여닫는 원리는 Q076에서 소개했다. 꽃을 피운다는 것은 꽃잎 안층은 자라는데 바깥층이 자라지 못해 꽃잎이 뒤로 젖혀지는 현상이다.

반대로 꽃이 진다는 것은 꽃잎 바깥층은 자라는데 안층이 자라지 못해 꽃이 바깥으로 젖혀지지 못하는 현상이다. 꽃이 필 때 안층과 바깥층 사이에 생긴 길이 차이가 사라졌기 때문이다.

꽃은 이런 원리로 여닫으므로 열거나 닫힐 때마다 안층이 자라기도 하고 바깥층이 자라기도 한다. 즉, 꽃은 여닫기를 반복하며 자란다.

실제로 처음 핀 튤립보다 열흘 동안 여닫기를 반복한 꽃이 두 배 정도 컸다. 꽃은 여닫기 운동을 하면서 크게 자란다.

여닫는 운동을 하지 않는 꽃이라도 며칠 동안 피어 있는 꽃은 꽃잎이 자라 커진다. 국화, 장미, 코스모스 등이 대표적이다. 이 경우 꽃이 핀 후 꽃잎 안층과 바깥층이 같은 속도로 자라서 자라는 정도에 차이가 생기지 않으므로, 꽃은 피어 있는 채로 크게 자란다.

민들레는 자연에서 아침에 열고 저녁에 닫는 운동을 사흘 동안 반복한다. 하지만 기온과 빛 조건에 변화가 없으면 꽃을 피우지 않는다. 그럼 꽃을 피우지 않는 꽃봉오리는 어떻게 될까? 꽃봉오리는 열리지는 않지만 크게 자란다. 꽃잎 안층과 바깥층이 자라는 데 시간차가 생기지 않기 때문이다. 자극이 없으면 시간차가 생기지 않아 여닫는 운동은 일어나지 않지만, 꽃잎은 자란다.

꽃을 여닫는 원리

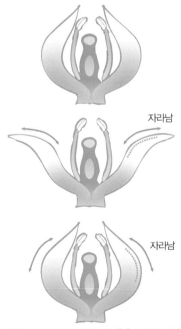

자라남

자라남

꽃을 피울 때 꽃잎 안층은 잘 자라는 데 반해 바깥층은 그다지 자라지 않는다. 따라서 꽃잎이 바깥으로 젖혀지며 꽃을 피운다. 반대로 꽃이 질 때 꽃잎 바깥층은 잘 자라지만, 안층은 잘 자라지 않는다. 따라서 꽃을 피울 때 안층과 바깥층 사이에 생긴 길이 차이가 사라져, 꽃잎이 바깥으로 젖혀지지 못하므로 꽃이 진다.

오므라든 꽃잎을 다시 피우는 신비한 힘

자주괭이밥은 사흘 연속으로 일정하게 아침에 피고 저녁에 오므라들던데, 어떤 자극을 받아 꽃을 여닫을까요?

자주괭이밥은 빛을 받거나 기온이 오르면 꽃을 피우는 성질을 가지고 있다. 아침에 꽃을 피우는 현상을 어느 쪽 성질이 좌우할지는, 아침까지 이어지는 밤 온도가 결정한다.

밤 온도가 약 18℃보다 높으면, 자주괭이밥은 다음 날 아침에 햇볕을 쬐기만 해도 꽃을 피운다. 밤 온도가 약 18℃보다 낮으면, 아침 기온이 올라야 꽃을 피운다.

그렇다면 핀 꽃은 왜 저녁에 오므라들까? 어두워지거나 온도가 내려가기 때문이라고 생각하기 쉽다. 하지만 조사해 보니 양쪽 다 원인이 아니었다.

아침에 핀 꽃은 온도나 밝기가 달라지지 않아도 약 10시간 뒤에 오므라든다. '자주괭이밥은 꽃을 피운 뒤 약 10시간이 지나면 다시 닫는다.'라고 아예 법칙이 정해져 있다. 꽃을 피운 지 약 10시간이 되는 때가 우연히 저녁일 뿐이다.

꽃을 피우고 약 10시간 뒤에 오므라든 꽃은 다음 날 아침 다시 꽃을 피운다. 밤사이 꽃을 피우고자 꽃잎 속에서 열심히 무언가를 준비한다. 어떤 준비 작업으로 꽃을 피우는 힘이 생기는지는 잘 모르겠다.

실험에서는 오므라든 꽃을 몇 시간 뒤에 다시 피어나게 할 수 있다. 오므라든 꽃을 몇 시간 동안 냉장고에 넣어 추운 상태로 두었다

가 따뜻한 곳에 꺼내면 꽃은 다시 피기 시작한다. 춥고 어두운 냉장
고에 있을 때 꽃잎 속에서 피어날 힘이 생겨난 듯하다. 어떤 힘인지
는 아직 알 수가 없다.

다시 피어나는 자주괭이밥

〈촬영: 가마모토 가즈아키(鎌本和彰)〉

오므라든 꽃을 그릇에 담아(위쪽) 냉장고에 넣는다. 몇 시간 뒤에 그릇을 따뜻한 곳으
로 꺼내 두면 꽃은 다시 피어난다(아래쪽).

꽃이 계속 핀 채로 있게 하려면?

여닫는 운동을 하는 꽃인데, 계속 피어 있게 할 수 있나요?

꽃이 계속 핀 채로 있을 수 있다. 꽃이 오므라드는 원리를 떠올려 보자. 꽃을 피운 뒤 꽃잎 바깥층이 자라지 못하게 하면 된다. 자주괭이밥으로 실험해 본 적이 있다.

자주괭이밥은 Q078에서 소개한 대로 사흘 동안 아침에 피고 저녁에 오므라들며 여닫는 운동을 한다. 자주괭이밥도 여닫는 운동을 반복해 자라나므로 Q076에서 소개한 튤립과 같은 현상이 일어난다고 짐작할 수 있다. 꽃이 피고 나서 꽃잎 바깥층 세포가 자라지 못하게 하면 꽃은 오므라들지 못하고 계속 피어 있는 상태가 된다.

꽃잎 바깥층 세포가 자라려면 세포 속에서 다양한 대사 과정이 일어나야 한다. 대사가 멈추면 세포는 자라지 못한다. 대사를 멈추지 않는 방법이 두 가지 있다.

첫 번째는 꽃이 피고 나서 꽃을 온도가 낮은 장소에 두고 꽃잎 바깥층이 자라지 않게 하는 방법이다. 꽃을 피운 후 온도를 심하게 낮추면 꽃은 생리 작용으로 인해 반응 속도가 느려진다. 그래서 $25°C$에서 피어난 꽃을 $4°C$인 추운 장소로 옮겼다. 그 결과 예상대로 꽃은 저녁이 되어도 오므라들지 않고 핀 채로 있었다.

두 번째는 피어난 꽃의 바깥층 세포가 자라지 못하도록 약품으로 억제해 꽃이 자라지 못하게 하는 방법이다. 사이클로헥시미드는 단백질 합성을 저해하는 물질이다. 꽃줄기를 자른 다음, 잘린 면을 통해 꽃이 사이클로헥시미드를 빨아들이게 해 꽃 바깥층이 자라지 못하도록 억제했다. 그러자 꽃은 핀 채로 있었다.

꽃이 핀 채로 있는 식물

사이클로헥시미드를 빨아들이지 않은 꽃(왼쪽)은 저녁이 되자 꽃이 오므라들죠. 한편 사이클로헥시미드를 빨아들인 꽃은 저녁이 되어도 오므라들지 않네요(오른쪽). 다음 날도 피어 있어요.

꽃봉오리가 벌어지는 원리는?

꽃봉오리가 벌어질 때 꽃잎 속에서 어떤 현상이 일어나나요?

영산홍을 관찰한 적이 있다. 영산홍 꽃봉오리는 저녁 7시쯤부터 벌어져 약 5시간 뒤인 자정쯤에 완전히 꽃을 피운다.

완전히 꽃을 피웠을 때 꽃 무게는 꽃봉오리일 때보다 약 1.5배 무거워진다. 꽃봉오리나 꽃 무게는 대부분 꽃잎에 들어 있는 수분 무게다.

따라서 무게가 1.5배 무거워졌다는 것은 꽃봉오리가 열리는 약 5시간 동안 꽃잎이 수분을 많이 흡수했다는 뜻이다.

꽃잎이 짧은 시간에 수분을 많이 빨아들이는 원리를 파악하고자, 꽃 피우기 직전의 꽃봉오리와 완전히 핀 꽃의 꽃잎을 현미경으로 비교하며 관찰했다. 꽃 피우기 직전의 꽃잎 세포에서는 지름이 수 μm에 불과한 작은 입자를 매우 많이 관찰할 수 있었는데, 완전히 핀 꽃의 꽃잎 세포에서는 작은 입자들을 거의 찾아볼 수 없었다. 꽃봉오리가 열리는 시각에 발맞춰 관찰했더니, 입자 수가 감소하면서 꽃잎 세포가 점점 자랐다.

입자 성분은 전분이었다. 전분은 포도당으로 만들어지며 전분이 분해되면 포도당이 된다. 전분은 물에 녹지 않아 현미경으로 보면 입자가 보이지만, 포도당은 물에 녹아서 현미경으로 볼 수 없다. 관찰 결과, 완전히 핀 꽃의 꽃잎에는 전분 입자가 사라지고 포도당이 상당히 많이 생겼다.

꽃잎 세포 속에 포도당이 많이 생기면 세포가 물을 빨아들이는 힘이 세진다. 그 결과 꽃잎 세포에 물이 찬다. 그러면서 꽃봉오리에 있는 꽃잎 세포는 부풀어 오른다. 부풀어 오른 꽃잎 세포가 자라서 꽃봉오리의 꽃잎이 열린다. 빨아들인 물로 인해 꽃이 무거워진다.

꽃봉오리가 꽃을 피우는 과정은 아래 그림과 같이 정리할 수 있다. 하지만 정해진 시각(꽃 피우는 시각)에 전분이 포도당으로 변하는 원리는 아직 밝혀지지 않았다.

영산홍 꽃봉오리가 벌어지는 과정

세포 속에 있는
전분을 분해해서

포도당을 만든다

꽃잎 세포 속에 포도당이 많이 생기면 꽃잎이 물을 빨아들이는 힘이 세진다. 액체는 농도가 다르면 서로 섞여서 같은 농도를 유지하려는 성질이 있기 때문이다.

꿀꺽
꿀꺽

점점
수분을 세포 속으로
빨아들인다

꽃봉오리가
부풀어 오르며…

꽃잎 속 진한 포도당이 줄기를 통해 물을 빨아들인다. 그 결과 꽃봉오리의 꽃잎에 많은 물이 들어와 꽃잎이 부풀어 오른다.

꽃을 피운다

꽃봉오리의 꽃잎이 물을 빨아들여 부풀어 오르면서 꽃잎이 열린다.

'세시의 천사'가 꽃을 피우는 시각은?

'세시의 천사'는 정말 3시에 꽃을 피우나요?

'세시의 천사'라는 별명을 가진 탈리눔 파니쿨라툼은 일본 식물 도감에 하제란(爆蘭)이라는 이름으로 실려 있다. 하지만 이 식물은 난과가 아니라, 채송화처럼 쇠비름과에 속한다.

'세시의 천사'는 매일 오후 3시에 분홍색을 띠는 작은 꽃을 많이 피운다. 꽃 피우는 시각 때문인지 '3 o'clock angel'이라는 감미로운 이름으로 팔린다.

초여름 어느 날 '이름처럼 오후 3시쯤 꽃을 피우는지' 확인하고 자 완전히 활짝 핀 꽃이 몇 개인지 시각에 따라 세어 보았다. 그 결 과를 다음 쪽에 있는 그래프로 표현했다.

화분 20개에서 꽃 600여 송이가 피었다. 피어야 할 꽃봉오리는 3 시부터 4시 사이에 모두 피었다. 늦게 피거나 먼저 피는 꽃이 하나 도 없었다. '역시 3 o'clock angel, 세시화, 세시초라는 별명이 붙을 만하다.'라고 인정했다.

이처럼 '세시의 천사'는 시간 흐름을 정확히 읽고 꽃봉오리를 피 워 내는 체계를 갖추고 있다. '세시의 천사'도 나팔꽃처럼(Q074 참 고) '생체 시계'가 작동한다.

'세시의 천사'는 꽃을 피우는 시각도 정확하지만, 꽃잎을 오므리 는 시각도 정확하다. 꽃을 피운 지 약 3시간 뒤인 저녁 6시경에 모 든 꽃이 작게 오므라진다.

꽃이 오므라지면 며칠 지나 조그만 원 모양인 검붉은 열매가 맺힌다. 열매 속에는 검고 작은 씨앗이 가득 차 있다.

'세시의 천사'

식물 이름은 '하제란'이지만, 난과가 아닌 쇠비름과 식물이다.

〈촬영: 히라타 레오 (平田礼生)〉

활짝 핀 꽃 개수

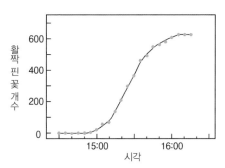

활짝 핀 꽃 개수를 시각에 따라 세었다. 화분 20개에서 꽃 600여 송이가 피었다. 그날 피어야 할 꽃봉오리는 오후 3시에서 4시 사이에 모두 활짝 피었다.

'세시의 천사' 꽃잎 앞면에서
무슨 일이 벌어지나?

'꽃이 핀다는 것은 꽃봉오리가 벌어질 때 꽃잎 안층이 자라고 바깥층은 자라지 않아 꽃잎이 뒤로 젖혀지는 현상'이라고 Q076에서 배웠어요. '세시의 천사'는 꽃이 필 때, 영산홍을 통해 밝혀진 현상이 꽃잎 안층에서만 나타난다고 하더라고요. 정말인가요?

그렇다. 꽃을 피우려면 영산홍을 통해 밝혀진 현상이 꽃잎 바깥층보다 안층 세포에서 활발하게 나타나야 한다.

이를 밝히려고 '세시의 천사'가 꽃을 피웠을 때 꽃잎을 연구했다. 꽃이 활짝 피기 전과 활짝 핀 후에 꽃잎 안층과 바깥층 세포를 현미경으로 관찰했다. 꽃이 활짝 피기 전인 오후 1시에 꽃잎 안층과 바깥층 양쪽 세포에서 아주 많은 전분 입자를 찾아냈다.

하지만 꽃이 활짝 피고 나서 오후 3시에 다시 꽃잎을 관찰하자, 꽃잎 안층 세포에는 오후 1시에 비해 전분 입자가 거의 사라지고 없었고, 세포가 자라났다.

반면에 꽃잎 바깥층 세포에는 전분 입자가 꽃이 활짝 피기 전과 비슷하게 남아있었다. 세포도 자라지 않았다.

오후 1시부터 3시 사이에, 꽃잎 안층 세포 속에 있는 전분 입자가 포도당으로 변하며 전분 입자가 사라졌다. 그 결과 안층 세포에서 만들어진 포도당으로 인해 삼투압이 오르고 수분을 빨아들이면서 세포가 자라났다. 바깥층 세포에서는 삼투압이 오르지 않아 세포가 자라나지 않았다. 따라서 꽃잎이 바깥으로 젖혀져 꽃이 활짝 피었다.

다시 말해, 영산홍으로 밝혀진 현상이 '세시의 천사'가 꽃을 피울 때는 꽃잎 안층에서만 나타난 것이다.

'세시의 천사' 꽃잎 앞면에서 일어나는 변화

13 : 00

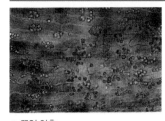

● 꽃잎 안층

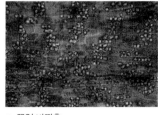

● 꽃잎 바깥층

15 : 30

● 꽃잎 안층

● 꽃잎 바깥층

꽃을 피우기 전(오후 1시), 꽃잎 안층과 바깥층 양쪽 세포에 똑같이 전분 입자(사진에 보이는 작은 알맹이)가 있다.

꽃을 피운 뒤(오후 3시 30분), 꽃잎 안층 세포에는 오후 1시에 비해 전분 입자는 거의 사라졌고 세포가 자라났다. 반면 꽃잎 바깥층 세포에는 전분 입자가 꽃을 피우기 전과 비슷하게 남아 있었고 세포는 자라나지 않았다.

'세시의 천사' 꽃잎 뒷면에서
무슨 일이 벌어지나?

꽃이 진다는 것은 꽃잎 바깥층이 자라고 안층은 거의 자라지 않아 꽃잎이 뒤로 젖혀지지 않는 현상이죠. 그런데 '세시의 천사'는 꽃이 오므라들 때 영산홍을 통해 밝혀진 현상이 꽃잎 바깥층에서만 일어난다고 하더라고요. 정말인가요?

'세시의 천사'가 꽃을 피울 때, 영산홍을 통해 밝혀진 현상이 꽃잎 안층에서만 나타난다고 Q082에서 소개했다. 꽃을 피운 후 그 현상이 꽃잎 바깥층에서만 나타나면 꽃은 시든다. 또는 그 현상이 꽃잎 안층보다 바깥층에서 활발하게 나타나도 꽃은 시든다.

'세시의 천사'는 꽃을 피운 지 3시간이 지난 저녁 6시에 꽃이 시든다. 오후 6시에 꽃이 시들고 나서 꽃잎 안층 세포와 바깥층 세포에 있는 전분 입자를 관찰했다.

그 결과, 꽃잎 안층에 있는 세포는 꽃을 피울 때와 같은 모습을 띠었다. 하지만 바깥층에 있는 세포에는 오후 3시에 있던 많은 전분 입자가 사라지고 없었다. 그러면서 세포는 자라났다.

오후 3시부터 6시까지 3시간 사이에 꽃잎 바깥층 세포 속에 있는 전분 입자가 사라졌다. 동시에 포도당이 만들어지고 삼투압이 올라 수분을 빨아들이면서 세포가 자라난 것이다.

Q082와 Q083에서 소개한 관찰 결과를 종합하면, '세시의 천사'에는 영산홍을 통해 밝혀진 현상이 꽃잎 바깥층과 안층 세포에서 시간차를 두고 나타난다.

즉, 전분이 분해되고 포도당이 만들어지는 과정이 꽃이 여닫는 운동을 좌우한다.

'세시의 천사' 꽃잎 뒷면에서 일어나는 변화

15 : 30

● 꽃잎 안층

● 꽃잎 바깥층

18 : 00

● 꽃잎 안층

● 꽃잎 바깥층

꽃이 활짝 핀 뒤(오후 6시), 꽃잎 안층에 있는 세포는 꽃을 피울 때와 같은 모습을 띠죠. 하지만 바깥층 세포에는 오후 3시에 있던 많은 전분 입자가 사라지고 세포가 자라났어요.

꽃봉오리의 탄생

꽃을 피우는 데 필요한 세 가지 과정이란?

'꽃을 피우려면 세 가지 과정을 거쳐야 한다.'라고 하던데, 어떤 과정인가요?

'꽃이 핀다.'라는 말은 부풀어 오른 꽃봉오리가 열리는 현상을 뜻한다. 하지만 그 전에 꽃봉오리가 만들어지고 자라는 과정이 필요하다. 따라서 꽃을 피우려면 '꽃봉오리 형성', '꽃봉오리 발육', '개화'라는 세 가지 과정이 순조롭게 이루어져야 한다. 그럼 세 가지 과정을 자세히 살펴보자.

싹 안에서 꽃봉오리가 생기는 첫 번째 과정이 이루어진다. 싹 안에는 생장점이 있다. 꽃봉오리가 생긴다는 것은 생장점 자신이 꽃봉오리가 되는 일을 말한다.

생장점이 꽃잎과 수술과 암술을 만든다. 막 꽃봉오리가 된 싹을 '꽃눈'이라고 하고 싹이 생기는 현상을 '꽃눈이 분화한다.'라고 표현한다. 다시 말하면 '꽃봉오리 형성'이다.

꽃봉오리 형성에 이은 두 번째 과정은 '꽃봉오리 발육'이다. 분화한 꽃봉오리는 맨눈으로 볼 수 있는 크기로 자란다. 대개 초본 식물이 가진 꽃봉오리는 분화할 때와 같은 조건에서 발육한다. 그리고 1~2개월 이내에 꽃을 피운다. 따라서 꽃봉오리가 분화하는 계절과 꽃이 피는 계절이 거의 일치한다.

꽃봉오리 분화와 꽃이 피는 계절이 동떨어진 식물도 많다. 봄에 꽃을 피우는 수목류나 알뿌리류다. 벚나무나 튤립은 꽃이 피기 일

년 전 여름에 꽃봉오리가 생기고, 꽃봉오리 상태로 겨울을 맞이해 추위를 견뎌 낸다.

꽃을 피우는 데 필요한 마지막 과정은 '개화'다. 꽃봉오리가 충분히 자라면 마침내 꽃잎이 열리며 꽃이 피기 시작한다. 이 현상이 개화다. '개화'라는 단어는 꽃봉오리가 열리는 것을 뜻한다. '벚나무 개화 전선'이나 '나팔꽃 개화 시각' 같은 표현에 쓰이는 개화도 바로 그런 뜻이다.

꽃을 피우는 데 필요한 세 가지 과정

가을부터 봄을 기다리는 알뿌리 속 꽃봉오리(가을에 촬영)

튤립   수선화   히아신스

봄에 꽃을 피우는 꽃나무는
꽃봉오리가 언제 생길까?

'봄에 꽃을 피우는 수목류는 꽃봉오리가 생기는 계절과 꽃이 피는 계절이 동떨어져 있다.'라고 하던데요. 봄에 꽃을 피우는 수목류는 언제 꽃봉오리를 만드나요?

봄에 꽃이 피는 벚나무, 철쭉, 목련, 명자꽃이 가을에 꽃을 피울 때가 있다. 신문이나 방송에서 큰일이라도 난 듯 떠들썩하게 보도한다. 봄에 피어야 할 꽃이 가을에 피면 놀랍기는 하다. 왜 그런지 생각해 볼 가치가 있다.

이때 우리는 중요한 점을 간과하기 쉽다. '봄에 꽃이 피는 수목은 도대체 꽃봉오리를 언제 만들까?'라는 의문이 든다. 봄에 꽃이 피는 수목은 대개 아직 꽃을 피우지 않은, 전해 여름 7, 8월쯤에 꽃봉오리를 만든다.

이 사실을 알고 나면 여름에 생긴 꽃봉오리가 가을에 피어도 그리 놀랍지는 않다. 오히려 '여름에 생긴 꽃봉오리가 왜 가을에 안 필까?'라는 의문이 더 흥미롭게 느껴진다.

만약 여름에 생긴 꽃봉오리가 그대로 자라 가을에 피면, 곧 다가올 겨울 추위 때문에 씨앗을 만들지 못해 자손도 남기지 못한다. 그렇게 되면 종족은 사라진다.

꽃을 피우려는 노력이 헛수고가 되지 않으려고, 꽃봉오리는 가을 밤이 길어지는 동안 겨울눈이 된다. 겨울눈이 되어 겨울 추위를 견디며 봄을 기다린다.

가을에 꽃을 피우는 경우가 별로 없는 매실나무, 복사나무, 가지,

사과나무 등 봄에 꽃을 피우는 수목도, 아직 꽃을 피우지 않은 전해 여름 7, 8월경에 꽃봉오리를 만든다. 가을에 꽃을 피워 화제가 되는 벚나무, 진달래, 목련, 명자꽃과 마찬가지로, 꽃봉오리는 가을밤이 길어지는 동안 겨울눈이 된다.

꽃나무에 꽃봉오리가 만들어지는 시기

목련	5월 중순
벚나무	7월 초순
영산홍	7월 중순
치자나무	7월 하순
매실나무	7월 하순
사과나무	8월 초순
복사나무	8월 중순
꽃산딸나무	9월 중순
수국	10월 중순

봄에 꽃을 피우는 수목은 대개 아직 꽃을 피우지 않은 전해 여름 7, 8월간에 꽃봉오리를 만들어요.

가을 목련

겨울눈 속을 들여다보니, 봄에 필 꽃봉오리가 이미 만들어져 있다.

식물은 자라나지 않으면
꽃봉오리를 만들지 못할까?

많은 식물이 발아해 자라는 과정에서 꽃봉오리는 아직 없죠. 하지만 어느새 꽃봉오리를 만들어요. 식물이 자라면서 꽃봉오리는 저절로 생기나요?

'동물은 즉시 도움이 될지 아닐지는 차치하고 일단 생식 기관을 지니고 태어나지만, 식물은 생식 기관을 지니고 생겨나지 않는' 점에서 동물과 식물이 다르다.

식물은 꽃으로 자라는 도중에 생식 기관을 만든다. 따라서 식물이 자라면서 꽃봉오리는 저절로 생긴다고 생각하기 쉽지만, 그렇지 않다.

꽃봉오리를 만들려면 어떤 자극이 필요하다. 자극이 없으면 식물이 자라나도 꽃봉오리는 생기지 않는다. '일부러 자극을 주지 않아도, 자연 속에서 식물은 언젠가 꽃봉오리를 만들지 않나?'라고 생각할지도 모른다.

사람에게는 자극이 아니지만 식물에는 자극인 것이 있다. 많은 식물은 꽃봉오리가 생기는 계절이 정해져 있다. 따라서 식물에 계절을 가르쳐주는 것이 자극이다.

자연 속에서 계절처럼 감지하기 쉬운 자극이 '기온 변화'다. 하지만 식물이 계절이 바뀐다는 사실을 알아차리고자 느끼는 자극은 '기온 변화'가 아니다.

그렇다면 무엇일까? Q087에서 생각해 보자.

덩치는 작아도 자극을 느끼면 꽃을 피우는 나팔꽃

꽃봉오리를 만들고자 자극을 주면 작은 식물이라도 꽃봉오리를 만들고 꽃을 피울 수 있어요.

'단일 식물'이란?

같은 종류인 식물은 정해진 계절에 나란히 꽃을 피우는데, 꽃봉오리가 생기는 계절이 정해져 있기 때문이죠. 식물이 꽃봉오리를 만드는 계절을 아는 비결이 '기온 변화' 때문은 아니라고(Q086) 하는데, 그러면 무엇 때문인가요?

1918년, 미국 농무부 연구소 연구원인 와이트맨 가너(W. W. Garner)와 해리 어래드(H. A. Allard)는 '식물은 꽃봉오리를 만드는 계절을 어떻게 알까?'에 대한 답을 찾았다. 계기가 된 식물은 담배와 대두였다.

메릴랜드 매머드(Maryland mammoth)종 담배는 여름부터 가을에 걸쳐 쑥쑥 자라 키는 컸지만, 가을이 되어도 꽃봉오리가 생기지 않았다. 그런데 겨울에 담배를 온실로 옮기자, 담배에 꽃봉오리가 생겼다. 그래서 겨울에 온실에서 기른 담배는, 키는 작았지만 꽃을 피웠다.

또 빌록시(Biloxi)종 대두 씨앗을 5월부터 8월까지 여러 날에 걸쳐 밭에 뿌렸다. 그러자 5월과 8월에 뿌린 씨앗에서 자란 식물이 모두 9월에 꽃을 피웠다. 발아 후에 자란 기간이 달라 식물의 키나 잎사귀 수는 당연히 달랐다.

담배와 대두가 보여준 현상은 식물이 꽃을 피우는 데는 식물의 키나 자라난 기간보다 계절이 중요하다는 사실을 시사한다. 연구원들은 계절에 따라 변하는 환경 요인인 온도, 빛의 세기, 습도 등이 미치는 영향을 꼼꼼히 조사해 '담배와 대두는 낮이 짧아지고 밤이 길어지면 꽃봉오리를 만든다.'라는 사실을 발견했다.

이 발견이 계기가 되어 '식물은 계절에 따라 달라지는 낮과 밤의 길이에 반응해 꽃봉오리를 만든다.'라는 결론에 이르렀다. 결국 식물이 꽃봉오리를 만드는 계절을 아는 이유는 기온 변화가 아니라, 낮과 밤의 길이가 변하기 때문이다.

낮과 밤의 길이에 반응해 꽃봉오리를 만드는 세 가지 유형

단일 식물	낮이 짧아지고 밤이 길어지면 꽃을 피운다.		국화 나팔꽃 차조기 코스모스 벼 등
장일 식물	낮이 길어지고 밤이 짧아지면 꽃을 피운다.		무 밀 시금치 삼백초 등
중성 식물	낮과 밤의 길이에 상관없이 꽃을 피운다.		서양민들레 토마토 등

온도가 아니라, 왜 낮과 밤의 길이일까요? 식물은 온도 변화를 신경 쓰지 않아요. 온도는 해마다 달라지죠. 그에 반해 태양은 해마다 일정하게 움직이는 편이고요.

싹의 수명은 끝이 없을까?

'싹은 끝없이 자라나고, 생장점은 잎을 끝없이 만들 수 있다.'라고 들었는데, 어떻게 알 수 있죠?

생장점은 꽃봉오리를 만들지 않으면, 적절한 조건에서 싹이나 잎을 끝없이 만들어 내는 능력을 갖추고 있다. 이는 실험을 통해 확인할 수 있다.

나팔꽃 싹이 꽃봉오리를 만들지 않으면, 덩굴이 계속 자라면서 잎을 끝없이 만든다. 그러나 밤을 길게 주어 나팔꽃 앞쪽 끝에 난 싹에 꽃봉오리가 만들어지면, 나팔꽃은 키가 작은 채로도 꽃을 피운다. 이후에 싹에서는 덩굴이 자라지도 않고 잎과 싹이 생기지도 않는다.

새삼을 통해서도 쉽게 관찰할 수 있다. 어린 새삼에서 싹을 틔운 줄기를 채취해 인위로 만든 적절한 조건에서 한 달 동안 키우면, 줄기를 채취했던 어린 새삼과 비슷한 크기로 자란다. 하지만 싹을 틔운 줄기를 어둠 속에 길게 두면, 싹에 꽃봉오리가 생기고 꽃이 핀다. 꽃이 핀 싹에서 줄기는 더 이상 자라지 않는다.

결국 생장점이 꽃봉오리를 만든다는 것은 생장점 자신이 꽃봉오리가 된다는 뜻이다. 따라서 꽃봉오리가 된 생장점은 잎을 만들 수 없다. 생장점이 꽃봉오리가 되면 싹은 끝없이 자라는 성질을 잃는다. 싹이 잎을 만드는 일과 꽃봉오리가 되는 일은 전혀 다르다.

끝없이 잎과 싹을 만드는 능력을 갖춘 싹은 꽃봉오리가 되면, 꽃을 피워 씨앗(자손)을 만들고 언젠가 말라 죽는다. 결국 싹이 꽃봉오리를 만든다는 것은, 끝없이 잎과 싹을 만들며 살아가는 삶을 자손을 남기고자 포기한다는 뜻이다. 꽃봉오리를 만들어 꽃을 피우는 일은, 싹 입장에서는 스스로 수명을 단축하는 일이며 목숨을 건 행위다.

꽃을 피우는 새삼 싹

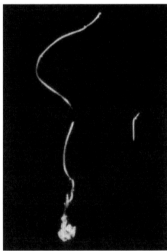

어린 새삼에서 싹을 틔운 줄기를 채취해 인위로 만든 조건에서 길러요. 어둠 속에 오래 두면 싹에 꽃봉오리가 생기고 꽃이 피죠. 꽃이 핀 싹에서 줄기는 자라지 않아요.

낮보다 밤의 길이가 더 중요할까?

낮과 밤의 길이가 중요하다는 사실을 알았어요. 그런데 Q088에서 나팔꽃과 새삼으로 한 실험을 보면 밤의 길이가 낮의 길이보다 중요해 보이는데, 어떤가요?

그렇다. 일정하게 긴 어둠, 즉 밤의 길이가 꽃봉오리를 피우는 데 중요한 역할을 한다. 식물이 낮과 밤의 길이에 반응한다는 사실을 알고 나면, 밤보다 낮의 길이에 반응한다고 생각하기 쉽다. 그래서 '단일 식물', '장일 식물'이라는 이름이 붙여지기도 했다.

꽃봉오리가 생길지 아닐지를 결정하는 경계가 있다. 그 경계를 짓는 어둠(밤)의 길이를 '임계 암기'라 한다. 단일 식물은 임계 암기보다 긴 어둠(밤)을 감지하면 꽃봉오리를 만드는 식물이다. 낮이 짧아지면 꽃봉오리를 만드는 것이 아니라, 밤이 길어지면 꽃봉오리를 만든다. 이러한 종류를 부를 때는 차라리 '장야 식물'이라는 표현이 훨씬 적합해 보인다.

장일 식물은 임계 암기보다 짧은 어둠(밤)을 감지하면 꽃봉오리를 만드는 식물이다. 밤이 짧아지고 낮이 길어지면 꽃봉오리를 만든다. 이러한 종류를 부를 때 역시 '단야 식물'이라는 표현이 적합해 보인다.

하지만 식물이 낮과 밤의 길이에 반응한다는 사실을 알고 나서 20여 년이 지나서야, 밤의 길이가 중요하다는 사실을 발견했다. 그때는 이미 단일 식물, 장일 식물이라는 이름이 퍼져 널리 쓰이고 있었다.

자손(씨앗)을 남기려는 꽃봉오리 분화는 밤의 길이가 좌우한다. 한편 밤의 길이는 위도에 따라 상당히 달라진다. '식물이 생육하는 범위는 주로 온도와 강수량이 좌우한다.'라고 하는데 식물이 생육하는 범위는 밤의 길이에도 영향을 받는다. Q090에서도 생각해 보자.

밤의 길이에 따라 단일 식물과 장일 식물이 꽃봉오리를 만들어 내는 반응

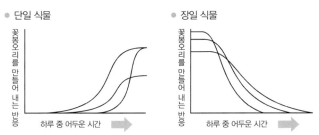

● 단일 식물   ● 장일 식물

어둠 길이에 따른 반응은 식물 종류, 품종에 따라 다르다. 긴 어둠은 단일 식물이 꽃봉오리를 만들어 내는 반응을 재촉한다. 반대로 짧은 어둠은 장일 식물이 꽃봉오리를 만들어 내는 반응을 재촉한다.

위도에 따라 변하는 낮과 밤의 길이

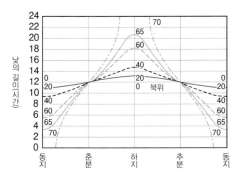

자손(씨앗)을 남기고자 꽃봉오리를 만드는 일은 밤의 길이가 좌우한다. 한편 밤의 길이는 위도에 따라 상당히 달라진다. 그래서 단일 식물과 장일 식물이 생육하는 범위는 위도에 따라 다르다.

식물이 서식하는 위도와 임계 암기는 어떤 관계?

'식물이 생육하는 범위는 주로 온도와 강수량이 좌우한다.'라고 들었어요.
그런데 자손(씨앗)을 만들려는 꽃봉오리 분화를 밤의 길이가 좌우한다면,
식물이 생육하는 범위도 밤의 길이에 영향을 받나요?

그렇다. 식물이 생육하는 범위는 생장 지역에서 밤이 얼마나 긴지에 따라 영향을 받는다.

위도가 높은 지방은 식물이 생육할 수 있는 봄부터 여름까지 밤이 짧다. 그리고 밤이 길어지기 시작하는 가을에는 기온이 아주 빠르게 떨어진다. 이러한 지방에 서식하는 단일 식물은 가을에 꽃봉오리를 분화하더라도 씨앗을 다 만들 때까지 기온이 너무 떨어져 씨앗을 남길 수 없다. 따라서 위도가 높은 지방에서 단일 식물은 번식하지 못하고, 따뜻한 여름 사이에 씨앗을 만드는 장일 식물이 많이 분포한다.

온대 지방에는 봄부터 초여름에 걸쳐 꽃을 피우는 장일 식물이 많이 분포한다. 단일 식물은 봄부터 여름 사이에 충분히 자라, 가을이 되고 나서 꽃봉오리를 분화해도 추운 겨울이 올 때까지 넉넉히 씨앗을 만들 수 있다. 따라서 온대 지방에는 단일 식물도 많이 분포한다.

온대 지방 안에서도 위도가 높은 지역에 서식하는 단일 식물은 밤의 길이(임계 암기)가 짧을수록 생존하기에 유리하다. 왜냐하면 일찌감치 꽃봉오리를 분화할 수 있어 기온이 내려가기 전에 씨앗을 남길 수 있기 때문이다. 따라서 위도가 높은 지역에 분포하는 식물

일수록 임계 암기가 짧은 경향이 있다. 같은 종류인 식물에도 이와 같은 경향이 나타난다.

적도 지방은 일 년 내내 낮 길이가 12시간 전후여서 밤의 길이가 거의 바뀌지 않는다. 이곳은 밤의 길이가 변하는 것을 감지해 꽃봉오리를 만드는 식물이 번식하기에 적합하지 않다. 그래서 밤의 길이가 아주 조금 변하더라도 그 차이를 민감하게 감지해 꽃봉오리를 분화하는 단일 식물이나 장일 식물이 이곳에서 자라날 수 있기는 하지만 그 수가 적다. 대신 중성 식물이 많이 분포한다.

생육하는 범위

❶ 고위도지방
단일 식물은 거의 자라지 못한다.
장일 식물은 순조롭게 자란다.

❷ 중위도지방
위도가 높은 지방에 생육하는 단일 식물일수록 임계 암기가 짧다.

❸ 저위도지방
민감한 단일 식물, 장일 식물이 자란다. 중성 식물이 많이 자란다.

일본에서 자라는 좀개구리밥의 임계 암기

계통	채집한 지역	(위도)	임계 암기
441	홋카이도 후카가와	(43°48'N)	8시간 00분
432	홋카이도 유바리	(43°02'N)	9시간 30분
411	아오모리현 오쿠나이	(40°53'N)	10시간 00분
392	미야기현 게센누마	(38°54'N)	10시간 30분
352	시가현 히라	(35°11'N)	10시간 45분
354	교토부 교토	(34°57'N)	11시간 15분
345	히로시마현 후쿠야마	(34°28'N)	11시간 30분
341	와카야마현 유아사	(34°02'N)	12시간 00분
321	미야기현 사이토	(32°06'N)	12시간 15분

온대 지방 안에서도 위도가 높은 지역에 분포할수록 임계 암기는 짧고, 위도가 낮은 지역에 분포할수록 임계 암기가 길어지는 경향을 나팔꽃, 좀개구리밥, 도꼬마리를 통해 확인할 수 있다.

(Yukawa and Takimoto, 1796을 개정)

고구마도 꽃을 피울까?

고구마는 봄부터 길러 가을에 수확하죠. 그런데 꽃을 본 적이 없어요. 고구마는 꽃을 피우지 않나요?

어떻게 하면 고구마가 꽃을 피우게 할 수 있을까? 수확하지 않으면 고구마가 꽃을 피울 듯해 가을에 고구마를 수확하지 않고 기다렸지만, 고구마는 꽃을 피우지 않았다. 겨울에 고구마 모종을 심어도, 봄에도 역시 고구마는 꽃을 피우지 않았다.

고구마는 부계 품종에서 만든 꽃가루를 모계 품종이 지닌 암술에 붙여 우수한 품종을 만든다. 따라서 우수한 품종을 만들려면 꽃을 피워야 한다. 식량이 부족했던 시절, 맛있는 고구마를 많이 얻고자 우수한 품종을 만들었다. '고계 14호', '코가네센간(黃金千貫)', '아야무라사키(綾紫)' 등 많은 품종이 탄생했다. 그렇다면 어떻게 꽃을 피웠을까?

고구마는 주로 오키나와에서 우수한 품종을 만들어 냈다. 따뜻한 오키나와에서는 쉽게 고구마 꽃을 피울 수 있다. 고구마가 꽃을 피우려면 '따뜻하고 긴 밤'이 필요하다. 일본 본토에서는 밤이 길어질 때쯤 고구마가 감지하는 온도가 너무 낮아진다.

하지만 오키나와가 아니어도 고구마 꽃을 피울 방법은 있다. 고구마는 메꽃과 식물이다. 같은 메꽃과인 나팔꽃을 밑나무로 해서 고구마를 접붙인다. 잎이 긴 밤을 감지하면 나팔꽃은 꽃을 피운다. 그래서 밑나무인 나팔꽃 잎에 밤을 길게 주면 접붙인 고구마에 꽃이 핀다.

'나팔꽃 잎에서 만들어진 물질이 고구마 싹에 꽃을 피우는' 현상이다. 이 물질은 바로 '플로리겐', 즉 '꽃눈을 형성하는 호르몬'이다. 자세한 내용은 Q092에서 소개한다.

고구마 꽃과 교배한 모습

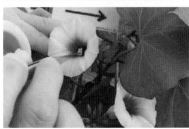

〈제공: 농업식품산업 기술종합 연구기구 (NARO) 규슈오키나와 농업연구센터〉

203

'플로리겐'이란?

플로리겐이 무엇인지 알려주세요.

나팔꽃 잎에서 만들어진 물질이 고구마 싹에 꽃을 피운다고 Q091에서 소개했다. 이는 '식물은 꽃봉오리 형성을 촉진하는 밤의 길이를 잎으로 감지하고, 꽃봉오리를 만드는 물질을 잎에서 만들어 낸다.', '싹에서 꽃봉오리가 만들어진다.'라는 사실을 뜻한다.

1937년 러시아 과학자 미하일 차일라한(Mikhail Chailakhyan)은 '일정하게 긴 어둠을 감지한 잎은 특별한 물질을 만들어 싹으로 보낸다.'라고 하며 그 물질 이름을 '플로리겐'이라고 지었다. 플로리겐은 잎에서 만들어지며 싹에서 꽃봉오리를 만드는 물질이다.

그 후로 플로리겐이 어떤 물질인지 밝혀내려는 연구가 세계 곳곳에서 이루어졌다. 하지만 플로리겐이 무엇인지는 물론이고 존재조차 밝혀지지 않은 채 수십 년이 흘렀다.

플로리겐을 발견한 지 70여 년 뒤, 드디어 장일 식물인 애기장대와 단일 식물인 벼를 이용한 연구를 통해 '잎에서 싹으로 전해지는 플로리겐의 정체는 단백질'이라는 사실이 밝혀졌다.

애기장대 잎에 있는 관다발에서 FT(Flowering Locus T)라는 이름을 가진 유전자가 발현한다. 꽃봉오리를 맺기 좋은 조건에서 이 FT 유전자가 활발해진다는 사실이 밝혀졌다. 과하게 발현한 FT 유전자는 꽃봉오리를 만드는 일을 재촉하고, FT 유전자 형태가 달라지면 꽃봉오리를 만드는 일이 늦어진다. 따라서 FT 유전자를 활발하게 만드는 일이 꽃봉오리를 만드는 데 무엇보다 중요하다고 짐작할 수 있다.

나아가 FT 유전자가 활발해지면서 만들어지는 단백질이 꽃봉오리를 맺을 수 있는 잎에서 만들어진 다음, 줄기 속 체관을 통해 잎에서 싹으로 이동한다는 사실이 밝혀졌다.

플로리겐은 바로 단백질이다.

꽃봉오리가 만들어지는 원리

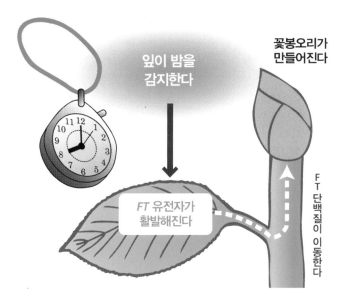

애기장대에서는 FT(Flowering Locus T)라는 이름을 가진 유전자가 발현한다. FT 유전자가 활발해지면서 만들어지는 단백질이 꽃봉오리를 맺을 수 있는 잎에서 만들어진 다음, 줄기 속 체관을 통해 잎에서 싹으로 이동한다. 이 단백질이 싹에서 꽃봉오리를 만들게 하는 자극이 된다고 볼 수 있다.

참고문헌: Corbesier L. et al. Science, 316, 1030–1033(2007)
        Tamaki S,et al. Science, 316, 1033–1036(2007)

플로리겐은 단일 식물과 장일 식물에 두루 통하는 물질일까?

장일 식물인 애기장대로 알게 된 Q092와 같은 원리를 단일 식물인 벼에서도 찾아볼 수 있나요?

벼에서는 Hd3a(Heading date 3a)라는 유전자가 꽃봉오리를 맺기 좋은 조건에서 활발해진다. Hd3a 유전자가 꾸준히 활발하면, 꽃봉오리 만드는 일을 촉진한다.

Hd3a 유전자가 활발해지면서 만들어지는 단백질은 애기장대와 마찬가지로 꽃봉오리를 맺을 수 있는 잎에서 만들어진 다음, 줄기 속 체관을 통해 잎에서 싹으로 이동한다. 그러므로 벼의 Hd3a 유전자가 만든 단백질이 꽃봉오리를 만들어 낸다고 예측할 수 있다.

애기장대의 FT 유전자와 벼의 Hd3a 유전자가 만든 단백질은 매우 유사하다. 장일 식물인 애기장대와 단일 식물인 벼에서 거의 같은 성질을 가진 단백질이 잎에서 만들어지고 싹으로 보내져 꽃봉오리 만드는 일을 촉진한다. 이런 사실을 바탕으로 '플로리겐은 장일 식물과 단일 식물에 두루 통하는 물질'이라고 추론할 수 있다. 플로리겐의 정체는 바로 이러한 단백질이다.

정리해 보자. 꽃봉오리를 맺기 좋은 어둠 속에 있는 잎에서 FT 유전자(벼는 Hd3a 유전자)가 활발해지고, 부산물인 플로리겐이 잎에서 싹으로 이동해 싹에서 꽃봉오리가 만들어진다.

나무를 접붙이는 실험

검은 종이로 가려
어둡게 만든다.

붙어 버린 부분
(테이프로 감는다.)

그림처럼 나무를 접붙이
고 한쪽 식물을 충분히
어둡게 하면, 다른 쪽 식
물에 꽃봉오리가 만들어
져 꽃이 핀다.

나무를 접붙여 플로리겐이 이동하는 예

꽃봉오리를 만들고자 어둡게 한 식물		꽃봉오리를 만든 식물
큰꿩의비름(LDP)	⇨	칼랑코에(SDP)
도꼬마리(SDP)	⇨	끈끈이대나물(LDP)
칼랑코에(SDP)	⇨	큰꿩의비름(LDP)
차조기(SDP)	⇨	끈끈이대나물(LDP)
담배(DNP)	⇨	담배(SDP)
담배(DNP)	⇨	담배(LDP)
담배(LDP)	⇨	담배(SDP)
담배(SDP)	⇨	담배(LDP)
담배(SDP)	⇨	사리풀(LDP)
루드베키아(LDP)	⇨	도꼬마리(SDP)

SDP: 단일 식물 LDP: 장일 식물 DNP: 중성 식물

플로리겐은 장일 식물과 단일 식물에 두루 통하는 물질이다.

지베렐린을 주면 꽃을 피우는 식물들

'플로리겐 말고도 꽃봉오리를 만드는 물질'은 또 무엇이 있나요?

Q092와 Q093에서 소개한 대로 플로리겐의 정체가 밝혀졌다. 하지만 플로리겐은 현재 우리가 식물에 줄 수 없는 물질이다. 한편 식물에 주면 꽃봉오리를 만드는 물질이 이미 몇 가지 알려져 있다.

그중 무나 양배추에 꽃봉오리를 만드는 지베렐린이 유명하다. 지베렐린이 내는 효과는 봄철 채소밭에서 쉽게 볼 수 있다.

무, 당근, 시금치 같은 채소는 줄기를 뻗지 않고 밭 지표면에서 겨울 추위를 이겨 낸다. 이처럼 겨울을 나는 모습을 '로제트'라고 한다. 수확하지 않고 밭에 남긴 채소는 봄이 오면 줄기를 아주 빨리 뻗어 꽃을 피운다.

이는 바로 봄소식을 알리는 '꽃대가 서는' 현상이다. 지베렐린이 이 현상을 만들어 낸다. 겨울 추위가 자극으로 작용해 식물 몸속에서 지베렐린이 만들어진다. 따뜻해지면 늘어나는 지베렐린이 줄기를 뻗치고 꽃을 피운다.

지베렐린이 정말 꽃대를 세우는지 실험을 통해 확인할 수 있다. 겨울 추위를 겪지 않으면 식물은 봄이 와도 꽃대가 서지 않는다. 하지만 이런 식물에 지베렐린을 주면 식물은 마치 봄이 온 듯 꽃대를 세운다.

즉, 지베렐린은 꽃대를 세워 식물이 꽃을 피우게 하는 물질이다.

지베렐린 효과

지베렐린은 꽃을 피우기도 하지만 '씨가 없는' 포도도 만든다. 포도가 꽃봉오리를 만들었을 때, 꽃봉오리를 지베렐린 용액에 담근다. 그리고 꽃봉오리가 활짝 피었을 때, 한 번 더 꽃봉오리를 지베렐린 용액에 담근다. 그러면 과육이 탱글탱글하고 먹음직스러운 '씨 없는 포도'가 탄생한다.

개구리밥에 꽃이 필까?

개구리밥은 꽃을 피우지 않는다고 하는데, 그러면 개구리밥은 꽃을 피우지 않는 이끼 식물이나 양치식물과 친구인가요?

분명 이끼 식물이나 양치식물은 꽃을 피우지 않는다. 하지만 개구리밥은 이끼 식물이나 양치식물과 친구는 아니다. 개구리밥은 꽃을 피우는 식물이다.

개구리밥은 봄부터 여름에 걸쳐 논을 녹색으로 뒤덮고 연못이나 늪을 떠돌아다니는 작은 수생 식물이다. 식물체는 줄기가 변형된 잎처럼 생긴 '엽상체'라고 부르는 부분과 뿌리로 이루어져 있다. 엽상체는 숨구멍과 엽록체를 지니고 광합성을 하며 잎 역할을 한다.

개구리밥류는 몸 구조가 매우 단순해 분류하는 데 어려움이 있지만, 현재 일본에는 3속 8종이 분포한다고 본다. 꽃이 피는 시기나 꽃의 크기가 종류에 따라 조금씩 다르다.

자연 속에서 유심히 살펴보면, 봄부터 가을까지 수면 위에 떠 있는 흰색이나 노란색 꽃을 맨눈으로도 관찰할 수 있다. 흰색이나 노란색은 꽃가루 색일 뿐 꽃잎은 없다.

개구리밥도 꽃을 피운다. 개구리밥은 세계 곳곳에서 오랫동안 꽃봉오리를 만드는 연구에 쓰여 왔다. 몸이 작아 기르는 장소를 많이 차지하지 않고, 꽃을 피우는 기간이 짧아 연구에 적합하기 때문이다.

좀개구리밥

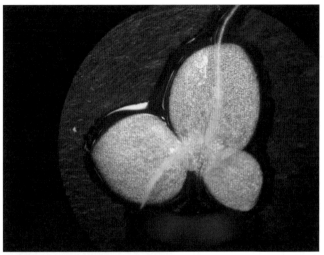

꽃봉오리가 없는 좀개구리밥(뒷면)

〈촬영: 오카타니 아츠코 (岡谷温子)〉

작고 노란 점으로 보이는 꽃을 피운 좀개구리밥
(앞면)

개구리밥도 꽃을 피워요. 실은 개구리밥은 오랫동안 꽃봉오리를 만드는 연구에 쓰였어요. 유심히 관찰하면 수면 위에 떠 있는 흰색이나 노란색 꽃을 맨눈으로도 볼 수 있지요.

푸른빛 아래에서 꽃이 필까?

'밤의 길이에 상관없이 푸른빛 아래서 꽃을 피우는 식물이 있다.'라고 들었는데 무슨 뜻인가요?

단일 식물인 좀개구리밥 계통은 하루에 9시간 이상 어두워야 꽃을 피운다. 따라서 형광등과 백열전구를 하루 종일 켜 두고 좀개구리밥을 키우면, 어둡지 않으므로 며칠 동안 기른 좀개구리밥도 꽃을 피우지 않는다.

조명으로 쓰이는 형광등이나 백열전구 빛에는 다양한 색을 띠는 빛이 들어 있다. 무지개나 프리즘을 통해 보이는 빨주노초파남보, 총 일곱 가지 색이다. 형광등이나 백열전구에 파란색 셀로판종이를 대면 일곱 가지 빛에서 푸른빛만 뽑아낼 수 있다.

이처럼 푸른빛만 뽑아내는 조건, 즉 푸른빛을 24시간 연속해서 켜 놓은 조명 아래서는 하루에 9시간 이상 어두워야 꽃을 피우는 좀개구리밥도 꽃을 피운다. 매우 신기한 현상인데, 이 원리를 설명할 만한 이론은 아직 없다.

최근 발광 다이오드로 푸른빛이나 붉은빛을 얻을 수 있게 되면서 발광 다이오드가 광원으로 쓰이고 있다. 발광 다이오드는 파장이 좁아서 붉은색이나 푸른색 범위 안에서만 빛을 낼 수 있다. 즉, 빛 색깔을 골라서 줄 수 있다.

앞으로 발광 다이오드 보급에 따라 특별한 작용을 일으키는 색상이 나올지 새로운 발견을 기대해 본다.

발광 다이오드 인큐베이터

발광 다이오드 조명은 빛을 내는 작은 소자 집단이죠. 그래서 소자 수를 바꾸면 빛을 내는 양을 자유롭게 조절할 수 있어요.

아스피린으로 꽃을 피울 수 있을까?

'해열 진통제인 아스피린이 개구리밥에 꽃봉오리를 만들고 꽃을 피운다.' 라는데, 사실인가요?

아스피린으로 개구리밥 꽃을 피울 수 있다. 미국의 클리랜드 박사가 실험을 통해 밝혀냈다.

플로리겐은 Q091~093에서 소개한 대로 잎에서 만들어져 싹으로 이동한다. 광합성으로 만들어진 플로리겐이 통로인 체관을 통해 싹과 뿌리로 이동한다고 알려져 있다. 그래서 그는 통로인 줄기에서 플로리겐을 뽑아내려 했다.

체관에 흐르는 수액을 뽑아내고자 진디를 이용했다. 진디는 주둥이로 체관에 침을 꽂아 수액을 빨아들인다. 진디는 진딧물(蟻巻, 蟻은 개미를 뜻한다.)이라 불리듯 개미가 좋아하는 달콤한 꿀을 몸에서 분비한다. 분비물에는 체관을 지나는 수액에 있는 물질도 들어 있다. 따라서 플로리겐이 체관을 통과한다면, 그것을 빨아들인 진디의 분비액 속에는 플로리겐이 들어 있을 가능성이 있다.

그래서 클리랜드는 꽃을 피우는 식물, 즉 체관에 플로리겐이 흐른다고 여겨지는 도꼬마리에 진디를 살게 했다. 그리고 진디가 체관에 흐르는 수액을 빨아들이게 했다. 그리고 진디가 내놓은 분비물을 모아 꽃봉오리를 만들어 내는 효과가 있는지 개구리밥을 사용해 실험했다.

진디 분비물을 개구리밥에 주자, 분비물이 꽃을 피웠다. 분비물 가운데 효과가 있었던 성분은 살리실산이라는 물질이었다. 살리실산을 주자 꽃봉오리를 만들지 못하던 많은 개구리밥류가 꽃을 피웠다.

살리실산과 구조가 비슷한 물질은 많은데 그중 아세틸살리실산은 살리실산과 같은 효과를 낸다. 아세틸살리실산은 해열 진통제로 유명한 아스피린이다. 따라서 개구리밥에 아스피린을 주면 꽃이 핀다.

진디

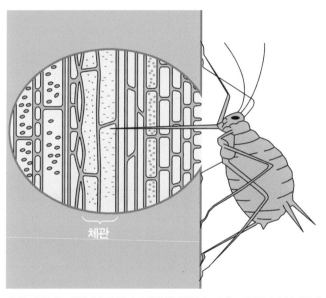

체관

진디는 주둥이로 체관에 침을 꽂아 수액을 빨아들인다. 진디는 진딧물이라 불리듯 개미가 좋아하는 달콤한 꿀을 몸에서 분비한다. 이 분비물은 체관에 흐르는 수액 속 물질을 포함하고 있다.

아스피린은 플로리겐일까?

아스피린을 '플로리겐'이라 할 수 있을까요?

아스피린이 꽃봉오리를 만들어 꽃을 피우는 효과를 확인하려고 일본에 분포하는 개구리밥류 3속 8종을 대상으로 조사했다. 그 결과 3속 6종에서 꽃을 피우는 효과가 확인되었고, 이는 살리실산이 내는 효과로 여겨진다.

꽃을 피울 때 아스피린이 내는 효과, 즉 많은 개구리밥이 꽃을 피우게 하는 살리실산의 효과는 정말 놀랍다. 그렇다고 아스피린이 '플로리겐'이라 단정 지을 수 있을까?

플로리겐이라면 개구리밥이 아닌 다른 식물도 꽃을 피우게 해야 한다. 유감스럽게도 살리실산이 꽃을 피운 효과는 개구리밥류와 물상추(개구리밥 동료가 아닌 천남성과 식물), 아프리카봉선화에서만 확인되었다.

꽃을 피운 도꼬마리뿐 아니라 꽃봉오리를 만들어 내지 않은 도꼬마리에서도 살리실산이 추출되었다. 도꼬마리에 직접 살리실산을 주어도 꽃봉오리가 만들어지지 않았다.

즉, 살리실산은 플로리겐이 아니다. 이 연구가 계기가 되어 살리실산과 구조가 비슷한 벤조산, 니코틴산, 피페콜산 등이 개구리밥류가 꽃을 피우게 하는 물질로 밝혀졌다. 하지만 유감스럽게도 이런 물질도 다른 종류 식물이 꽃을 피우게 하지 못해 플로리겐으로 볼 수 없었다.

아스피린을 먹으면 사람은 두통이 가라앉고 식물은 꽃을 피운다. 통증을 가라앉히는 성분과 식물이 꽃을 피우는 성질 사이에 어떤 관계가 있는지 아직 밝혀지지 않았다.

화학 구조

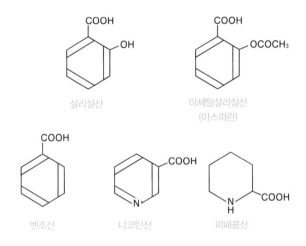

살리실산

아세틸살리실산
(아스피린)

벤조산

니코틴산

피페콜산

어떻게 해열 진통제인 아스피린이 꽃을 피웠을까요?

아스피린 말고도 꽃봉오리를 만드는 약은?

아스피린이 꽃봉오리를 만든다면, 그런 작용을 하는 약이 또 있나요?

여러 물질을 조사한 결과, 좀개구리밥에 꽃봉오리를 만드는 약 두 가지를 발견했다.

하나는 아드레날린이다. 사람 혈당값을 조절하는 호르몬이다. 혈당값이 높으면 당뇨병에 걸린다. 혈당값을 낮추는 약으로 인슐린이 유명하다.

이에 대항해 아드레날린(에피네프린)은 혈당값을 올리는 일을 한다. 아드레날린을 알칼리성 용액에 녹여 개구리밥에 주자 꽃봉오리가 생겼다. 혈당값을 조절할 때는 인슐린이 작용하지만, 꽃봉오리가 분화할 때 인슐린은 그런 효과를 내지 않았다.

또 하나는 살리실산 메틸이다. 파스 성분표에 실려 있고, 파스 특유의 향을 만들어 내는 물질이다. 향을 내려는 물질이므로 기체 상태에서 꽃봉오리를 만드는 효과를 직접 관찰할 수 있다.

밀폐 용기 두 개를 준비한다. 양쪽 모두에 개구리밥을 띄운 작은 비커를 넣는다. 한쪽 용기에는 살리실산 메틸을 넣은 비커를 둔다. 그리고 투명한 유리 뚜껑으로 용기를 밀폐하고 빛이 잘 드는 따뜻한 곳에 둔다.

살리실산 메틸을 넣지 않은 용기에 든 개구리밥은 꽃봉오리를 만들지 않았다. 하지만 살리실산 메틸을 넣은 용기에 든 개구리밥은 꽃봉오리를 만들고 꽃을 피웠다.

살리실산 메틸로 한 실험

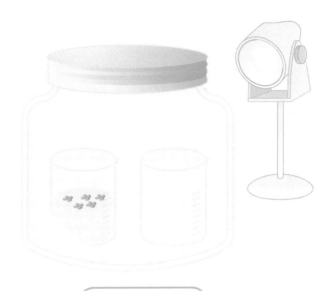

작은 비커에 담긴 살리실산 메틸은 잘 휘발하는 기체죠. 좀개구리밥은 이 기체를 빨아들여 꽃을 피웠어요.

영양이 부족하면 꽃봉오리가 생길까?

식물은 영양이 부족해서 '더 이상 못 살겠다.'라고 느낄 때 꽃봉오리를
만든다고 들었는데, 사실인가요?

나팔꽃, 차조기, 좀개구리밥 같은 식물은 영양이 부족하면 꽃봉
오리를 만든다.

식물은 더 이상 살 수 없을 만큼 영양이 부족할 때 꽃을 피우는
구조를 갖추고 있다. 식물은 살아가려면 질소를 함유한 물질인 단
백질, 핵산, 엽록소가 필요하다. 이것들을 만드는 재료로 삼고자 식
물은 땅속에서 질소원을 빨아들인다. 질소원 공급이 끊기면 나팔꽃,
차조기, 좀개구리밥 같은 식물은 꽃봉오리를 만들어 낸다.

단일성을 띠는 좀개구리밥에 질소를 주면, 조명을 계속 비춰 전
혀 어둡지 않은 곳에서도 좀개구리밥이 꽃봉오리를 만들어 내지 않
는다. 하지만 어둠이 전혀 주어지지 않는 밝은 곳이더라도 좀개구
리밥에 72시간이 넘도록 질소를 주지 않으면 좀개구리밥이 꽃봉오
리를 만들어 낸다.

이때 식물 몸 안에서 일어나는 변화를 어느 정도 예측할 수 있다.
질소를 주지 않으면 식물이 지니고 있던 질소는 점점 동나고, 이를
보충하려고 식물은 몸 안에 있는 단백질을 분해한다.

몸 안에 있는 단백질을 분해해, 살아가는 데 꼭 필요한 단백질로
바꾸려는 것이다. 그 결과 단백질을 분해하며 생긴 몇 가지 유리 아
미노산이 몸 안에 점점 늘어난다. 아미노산 속에는 '라이신'이라는

물질이 있다. 라이신은 식물이 꽃봉오리를 만들도록 재촉한다.

예로부터 '식물 몸 안에 질소가 많으면 잎이 무성해지고 꽃봉오리가 원활히 분화하지 못하지만, 탄소가 많고 질소가 적으면 꽃봉오리가 분화한다.'라고 했다. 이 의견에 따르면, 질소가 부족해 이루어지는 꽃봉오리 분화는 질소와 탄소 비율을 인위로 바꾼 결과다. 따라서 이 의견이 옳다면, 많은 식물이 질소가 부족해 꽃봉오리를 분화할 수도 있다.

영양이 부족하면 생겨나는 꽃봉오리

식물은 더 이상 살 수 없을 만큼 영양이 부족한 상태에 빠졌을 때, 자손을 남기려고 마지막 힘을 끌어모아 꽃을 피운다.

주요 참고 도서

A. C. Leopold、P. E. Kriedemann、『Plant Growth and Development』、McGraw-Hill Book Company、2nd ed. 1975.

A. W. Galston、『Life processes of plants』、Scientific American library、1994.

P. F. Wareing、I. D. J. Phillips 著、古谷雅樹 監訳、『植物の成長と分化』＜上・下＞、 学会出版センター、1983.

P. J. Downs、H. Hellmers 著、 小西通夫 訳、『環境と植物の生長制御』 学会出版センター、1978.

小林 章、『果樹園芸総論』、養賢堂、1969.

岩科 司、『花はふしぎ』、講談社、2008.

ABCラジオ「おはようパーソナリティ道上洋三です」編、田中 修 監修、『花と緑のふしぎ』、神戸新聞総合出版センター、2008.

岩波洋造、『花と花粉』、総合科学出版、1967.

田中 修、『葉っぱのふしぎ』、ソフトバンククリエイティブ、2008.

田中 修、『都会の花と木』、中央公論社、2009.

田中 修、『雑草のはなし』、中央公論社、2007.

田中 修、『入門たのしい植物学』、講談社、2007.

田中 修、『クイズ植物入門』、講談社、2005.

田中 修、『ふしぎの植物学』、中央公論社、2003.

田中 修、『つぼみたちの生涯』、中央公論社、2000.

田中 修、『緑のつぶやき』、青山社、1998.

滝本 敦、『光と植物』、大日本図書、1973.

滝本 敦、『花ごよみ花時計』、中央公論社、1979.

田口亮平、『植物生理学大要』、養賢堂、1964.

増田芳雄、『植物生理学』、培風館、1988.

増田芳雄、菊山宗弘 編著、『植物生理学』、放送大学教育振興会、1996.

柴岡弘郎 編集、『生長と分化』、朝倉書店、1990.

ストラフォード 著、柴田萬年 訳、『植物生理要論』、共立出版、1975.

HANA NO FUSHIGI 100

© 2009 Osamu Tanaka
All rights reserved.
Original Japanese edition published by SB Creative Corp.
Korean translation copyright © 2023 by Korean Studies Information Co., Ltd.
Korean translation rights arranged with SB Creative Corp.

하루 한 권, 꽃

초판 인쇄 2023년 12월 29일
초판 발행 2023년 12월 29일

지은이   다나카 오사무
옮긴이   이선희
발행인   채종준

출판총괄   박능원
국제업무   채보라
책임편집   구현희 · 이경호
마케팅   조희진
전자책   정담자리

브랜드   드루
주소   경기도 파주시 회동길 230 (문발동)
투고문의   ksibook13@kstudy.com

발행처   한국학술정보(주)
출판신고   2003년 9월 25일 제 406-2003-000012호
인쇄   북토리

ISBN 979-11-6983-796-5 04400
         979-11-6983-178-9 (세트)

드루는 한국학술정보(주)의 지식 · 교양도서 출판 브랜드입니다.
세상의 모든 지식을 두루두루 모아 독자에게 내보인다는 뜻을 담았습니다.
지적인 호기심을 해결하고 생각에 깊이를 더할 수 있도록, 보다 가치 있는 책을 만들고자 합니다.